공간의 탄생
1970-2022

공간의 탄생 1970-2022
한국 도시화 50년과 리질리언스

초판 1쇄 펴낸날 2024년 12월 27일
지은이 김충호
펴낸이 박명권
펴낸곳 도서출판 한숲 | **신고일** 2013년 11월 5일 | **신고번호** 제2014-000232호
주소 서울특별시 서초구 방배로 143, 2층
전화 02-521-4626 | **팩스** 02-521-4627 | **전자우편** landscape@lak.co.kr
편집 남기준 | **디자인** 팽선민
출력·인쇄 한결그래픽스

ISBN 979-11-87511-45-8 93530
* 파본은 교환하여 드립니다.
* 이 저서는 2019년도 서울시립대학교 기초·보호학문 및 융복합 분야
  R&D기반조성사업에 의하여 지원되었음.

값 17,000원

공간의 탄생
1970-2022

한국 도시화 50년과
리질리언스

김충호 지음

한숲

지속가능한 사회, 지속가능한 도시를 꿈꾸며

2024년, 대한민국에 사는 우리는 어디로 가는 것일까?

2024년의 연말이 되어 가고 있다. 과연 우리는 지금 어디로 가고 있는 것일까? 우리 사회는 지속가능한가? 그리고 우리 도시는 지속가능한가? 이와 같은 질문을 국내 대형 설계사무소에서 건축가로 일하던 2006년 이래로 계속 되뇌고 있다. 이 질문에 답하기 위해 2011년에 미국에서 지속가능개발을 주제로 박사학위를 시작했다. 6년의 시간이 흘러 박사학위와 함께 귀국하고 2018년부터 대학에서 지속가능 도시설계를 중심으로 교육과 연구 및 실무를 수행하고 있는데, 그로부터 다시 6년여의 시간이 흘렀다. 따라서 비록 본고를 직접적으로 서술하기 시작한 건 2019년이지만, 이는 결국 지난 18년 동안 이어진 내 고민의 결과물이라 할 수 있다.

본고는 1970년부터 2022년까지 중앙정부 중심으로 진행된 급속한 도시화와 새로운 도시 만들기에 대해 다룬다. 1970년의 대한민국에는 박정희 정부의 새마을운동이 있었으며, 2022년의 대한민국에는 문재인 정부의 도시재생과 스마트시티가 있었다. 1970년과 2022년 사이 역시 중앙정부 중심의 급속한 도시화와 새로운 도시 만들기는 쉴 새 없이 진행되었다. 이와 같은 50여 년의 시간 동안 우리는 경제 개발에 성공하고 민주화를 이룩하였으며, 전 세계 문화를 이끄는 한류의 선도 국가가 되었다. 분명 우리는 그런 50여 년의 시간을 거치면서 전혀 다른 사회, 전혀 다른 도시에 살게 되었다. 그럼에도 불구하고, 우리는 여전히 지난 50여 년과 전혀 다를 바 없이 영혼까지 끌어 모은 생산과 효율의 시대에 살고 있으며, 이제는 저출산과 고령화를 넘어 민족과 지역의 소멸까지 걱정하면서도 더욱 강해지는 서울 공화국의 패권과 불패의 상징 같은 강남 집값을 목격하고 있다. 우리는 지금 진정 지속가능한 사회, 지속가능한 도시에 살고 있을까?

이 책을 쓰게 된 문제의식의 시작과 논의의 방향 및 전개

나는 중학교 2학년 때부터 건축가가 되고 싶었다. 나에게 건축은 미학적 감상뿐만 아니라 공간적 존재감이 있는 대상이었으며 더욱이 사회적 문제 해결의 실질적 수단처럼 느껴졌다. 그러기에 건축가의 꿈을 꾸며 건축에 매진하면서 살았는데 놀랍게도 설계사무소에서 왕성한 실무를 하면서 건축가로서의 삶과 커리어에 의문을 가지게 되었다. 설계사무소에서 일하던 2003년에서 2009년까지 우리나라는 IMF 외환위기 이후 상당한 건축 및 도시 개발 붐이 있었다. 그때 나는 실무 건축가로서 100층 이상의 초고층 건축물만도 여러 개를 검토하였으며, 수십조에 이르는 프로젝트 파이낸싱 개발 사업의 밑그림 작업도 하였으며, 2기 신도시 및 행정중심복합도시 건설 공모에도 참여하였다. 역설적이게도, 당시 유행하는 계획 사조는 저탄소 녹색성장과 지속가능 개발이었기에 나는 건물의 에너지를 절감하면서 신재생 에너지를 활용하는 계획안을 자주 그리고 만들었다. 하지만 우리의 전국토가 공사판처럼 돌아가는데 건물의 에너지 사용 줄이고 탄소 배출을 완화하는 것이 과연 지속가능한가에 대한 본질적 의문을 가지게 되었다.

이와 같은 의문과 고민을 계속하면서 우리의 도시화 및 도시 개발의 역사를 객관적으로 보게 되었으며, 우리 사회와 도시의 지속가능성과 리질리언스에 대해 체계적으로 탐구하게 되었다. 결과적으로, 이 책의 제목 『공간의 탄생, 1970-2022』를 통해 오늘날 우리가 보는 대부분의 물적 세계가 지난 50여 년 동안 만들어졌으며 그것의 가장 큰 동인은 중앙정부 중심의 급속한 도시화와 새로운 도시 만들기라는 것을 말하고자 하였다. 이 책의 부제 『한국 도시화 50년과 리질리언스』를 통해 본고가 한국 도시화 50년의 현황, 메커니즘, 시대별 사례, 종합 평가 그리고 미래 전망을 지속가능성과 리질리언스의 이론적 틀에서 다루고 있다는 것을 알리고자 하였다. 결국, 이 책은 어찌 보면 우리 역사에서 전무후무할 지난 50여 년의 물리적 변화에 대해 기술하고 이것이 초래한 사회생태적 영향에 대해 논의하는 것을 목적으로 하였다. 이를 통해 우리의 과거 도시화 및 도시 개발에 대해 우리에게는 아직 익숙하지 않은 공간 문화 비평을 시도하였으며, 우리의 다가올 미래에 대해서는 지속가능한 사회, 지속가능한 도시가 실현되기를 꿈꾸었다.

이 책의 출판에 대해 많은 분들에게 깊이 감사하며

이 책 『공간의 탄생, 1970-2022』은 나에게는 7번째 단행본 출판이자 『욕망의 도시, 서울』이후 두 번째 단독 단행본 출판이다. 특히, 이 책은 내 박사학위 논문의 문제의식과 접근 방식을 한국의 도시개발사에 적용하였기에 개인적으로 상당히 특별한 저술이다. 이 책의 출판에 대한 감사를 부모님으로부터 시작하고 싶다. 부모님이 나에게 주신 좋은 시력과 길 찾기 능력 덕분에 우리 사회의 물적 세계와 공간에 대한 관심과 고민이 가능했다. 이어서, 지금까지의 학문적 여정을 지도교수로서 이끌어

주셨던 서울대 건축학과 김진균 명예교수님, 워싱턴대 도시설계 및 계획학과 다니엘 B. 에이브럼슨Daniel B. Abramson 교수님과 인류학과 스테반 해럴Stevan Harrell 명예교수님께 깊은 감사를 드린다. 다음으로, 나의 학문적 동지이자 분신이라 할 수 있는 서울시립대 도시공학과 지속가능 도시설계 연구실의 학생들, 그리고 5년 동안 내 대학원 수업인 지속가능 도시설계 세미나를 수강하며 본고에서 다루는 주제를 함께 고민한 학생들에게 감사한다. 추후 이들이 나와는 다른 입장에서 우리의 도시화 역사를 탐구한 단행본을 출판하기를 진심으로 희망한다.

이와 함께, 본고의 지난한 산고 과정을 함께 지켜봐 주신 『환경과조경』의 편집주간이신 서울대 조경학과 배정한 교수님, 남기준 편집장님, 김모아 기자님, 팽선민 부장님 그리고 신동훈 과장님을 비롯한 출판팀 모두에게 심심한 감사의 말씀을 올린다. 또한, 본고의 추천사를 통해 격려해 주신 서울시립대 도시공학과 김기호 명예교수님, 추천글로 응원해주신 서울대 건축학과 전봉희 교수님, 미국 워싱턴대 한국학 프로그램 클락 W. 소렌슨Clark W. Sorensen 명예교수님께도 깊은 감사의 인사를 드린다. 오랜 시간 동안 이 책을 너무 출판하고 싶었지만, 여러 분주한 일정 속에 쉽게 쓴 시처럼 되지 않게 하려고 시간을 할애하다 보니 본의 아니게 많이 지연하여 출판하게 되었다. 이로 인해, 학교 지원금을 받은 본고의 늦은 출판을 걱정하던 서울시립대 연구지원과의 여러 선생님들에게도 감사 인사를 드린다.

　본고를 마무리하며 글은 솔직하고 마음 내키는 대로 써야 하는데 이역시 쉬운 일이 아님을 새삼 느낀다. 이제 18년 동안 마음속에 담아 놓았던 생각들을 한 권의 책으로 정리하여 세상에 내보인다. 아직 여전히 많은 것이 미흡하고 미숙하지만, 이것이 끝이 아니라 시작이라 생각한다. 본 졸문에 대해 독자들의 많은 충고와 질타를 부탁드리며 우리 사회의 많은 반향 역시 기대해 본다. 나는 글을 쓰는 사람은 항상 사회와 정면으로 마주한다고 생각한다. 앞으로도 지치지 않고 공간 시리즈의 저술을 계속하겠다는 약속과 함께 책을 펴내며를 마치고자 한다.

어수선한 시국과 함께
2024년의 마무리를 준비하며
서울시립대 배봉관 연구실에서
김충호

우리는 지금 어떻게 여기에 와 있는가?

김기호
서울시립대 명예교수

한국의 도시화 과정에서 물리적 환경 변화를 이해하려면 이 책을 읽는 것이 필수다. 그동안 단편적으로 논의되거나 알려졌던 우리나라 50년간의 도시화 과정을 총체적으로 이해할 수 있는 것이 이 책의 강점이다. 도시화에 의한 물리적 현황이나 그 변화에 대한 연대기적 자료 집성에 머물지 않고 시기별 특성과 이들이 가지는 의미를 리질리언스(회복탄력성)를 중심으로 평가하여 우리가 앞으로 나가야 할 바를 짚고 있어 연구 분야뿐만 아니라 도시계획 실무 전문가들에게도 매우 유용한 참고 서적이다.

우리에게 낯선 공간이었던 도시가 어떻게 지난 50여 년의 도시화 과정을 거치며 좋거나 싫거나 우리 정체성의 한 부분이 되고 익숙한 공간으로 되었는지 알게 되는 것은 연구나 학업의 관심을 넘어 누구에게나 아주 흥미로운 주제다. 도시로 간다는 것은 주변에서 중심으로 들어간다는 것과 같다. 사람들이 주변인이 되기보다는 중심에서 활동하고 살며 다양한 사람들과 교류하기를 원하는 것은 사회문화적으로나 경제적으로 자연스러운 일이다. 문제는 이런 '도시들을 국가나 지역 내에 어떻게 배치하고 도시 내 정주 환경을 어떻게 만들 것인가'이다. 이 책은 지난 50년 한국의 도시화를 '쏠림'과 '중앙 주도'로 정리하고 이를 '계획 국가'라고 명명하였다. 과연 이 '계획 국가'가 도시화의 '어떻게?'라는 과제를 계획적으로 잘 수행하였는가? 이 책에 바로 그 답이 있다.

왜 우리는 사람이 살만한 전원 도시나 문화 도시를 만들지 못하고 계속 '주택 도시'만 만들고 있는가? 사람이 사람답게 사는 '도시'보다 대량으로 많은 사람에게 '주택'을 공급하는 데 너무 방점을 찍은 것은 아닌가? 결국 이러한 '주택 공급'(공급이란 용어 사용에 주목)은 대량 생산된 물자를 공급하듯 이루어지고 도시 속 우리의 사회문화적 삶의 공간은 소홀히 취급되어 오직 벽에 갇힌 내부 지향적이며(아파트주택이든 단지이든) 개인적 또는 더 나아가 이기적인 사람들만 양산量産한 것은 아닌지 돌아보게 된다. 이는 주택 공급하기를 바로 도시 만들기로 혼동한 데서 오는 오해에 따른 결과다. 주택이 많이 모이면 결국 도시가 된다는 단순하고 순진 무지한 태도가 낳은 것이다. 이제라도 늦지 않으니 '주택 건설에서 도시 건설'로 그 시각을 돌려야 한다.

사람들은 묻는다. 왜 전국에 수많은 신도시가 지어지는데 어디가나 비슷하고 천편일률적이냐고. 이 책은 답한다. 결국 중앙 주도라는 것이 하나의 계획 주체(결국 하나의 계획가)를 의미하기에 아무리 여러 곳에서 도시가 건설되어도 결국 비슷한 정책 방향과 기준을 적용하게 되고 그에 따라 국토 전체가 동질화하고 공간은 다양성을 잃을 수밖에 없다. 이런 이유로 그동안 수도 없이 많은 해외 사례를 답사하고 연구하여 벤치마킹한다고 하지만 그 효과는 제한적일 수밖에 없다. 새로움을 추구하지만 결국 실행에는 이르지 못하는 것을 안타깝게 보아 온 것이다. 이 과정에서 정치인이나 행정의 과도한 간섭으로 건축이나 도시 전문가가 도시 건설을 주도하지 못하고 들러리로 추락하며 전문성을 충분히 발휘하지 못하는 것도 아쉬운 일이다. 자주 바뀌는 공무원의 보직, 선거를 통한 정치 집단과 정책의 변화 등도 책임자 없는 도시 건설에 기여하게 된다.

1960~1970년대의 새마을 운동부터 신도시 건설, 혁신도시, 4대강 정비 등 지난 50년의 도시화는 우리 사회의 지속가능성과도 불가분의 관계에 있다. 물리적 변화가 사회 문화의 변화를 수용해야 하는 한편 전체적이고 구조적 측면에서는 사회와 환경의 안정성과 지속성을 유지해야 하는 과제를 가진다. 이 책은 리질리언스의 개념을 도입하여 각 시대 도시 건설의 유산들이 과연 우리 사회의 가치나 구조 그리고 정체성을 유지하는 것을 돕고 있는가 검토하고 있다. 매우 중요한 시각이고 접근이다. 결국 우리가 지향해야 하는 것은 대한민국이라는 전체로서의 가치와 함께 각 지역의 역사와 현재적 특성이 잘 드러나는 다양함으로 이루어진 대한민국이어야 하지 않겠는가. 이를 위해 이 책은 다양성, 지역성, 자생성을 향상시키는 노력을 주문하고 있다. 구체적으로 중앙정부 주도 하에 전국 규모로 일반적 매뉴얼을 적용하는 도시화는 이제 멈춰야 할 것이다. 이런 과정을 통해 우리는 자신 있게 우리의 경험을 개발도상국이나 여타 국가들과 공유하며 세계적인 도시화에 기여할 수 있을 것이다.

01.
한국 도시화 50년,
그 공간 문화
비평에 들어가며

비평을 시작하며

2024년을 마무리하고 있다. 나는 올해 만으로 마흔다섯 살이 되었다. 대학을 가기 전까지 20년, 대학을 입학한 후 25년의 시간이 흘렀다. 40여 년 넘게 살면서 언젠가부터 나의 개인적인 삶이 사회와 역사의 도도한 흐름과 함께 한다는 생각이 들기 시작했다. 그것은 내가 특별히 뛰어나거나 독특한 존재여서가 아니다. 오히려 나의 삶이 지극히 평범하고 전형적이라는 일종의 깨달음이었다. 당연한 이야기지만, 내가 사회와 역사에 밀어붙이는 힘보다 거대한 사회 시스템과 격동하는 역사가 나를 주조하는 힘이 지금까지 훨씬 컸다.

흥미롭게도 사회와 역사의 거대한 힘은 일상적이고 지속적이었지만, 때때로 개인의 삶과 사회의 물결을 되돌릴 수 없이 급격하게 변화시키는 중요한 지점들이 있었다. 이를테면, 내가 태어난 1979년에는 대통령이 암살되면서 정치적 체제 변환이 일어났고, 고3이던 1997년에는 외환 위기로 경제적 체제 변환 역시 일어났다. 미국에서 박사 유학을 마치고 귀국한 2017년에는 헌정 사상 최초의 대통령 탄핵이 일어났으며, 이후로 사회적인 체제 변환 역시 일어났다. 다시 말해, 이와 같은 정치적, 경제적, 사회적 체제 변환은 변화의 사건 이전과 이후가 확연하게 다른 단절적 전환이었다. 더욱 놀랍게도, 2024년 12월 우리는 다시 한번 이와 같은 체제 변환에 직면해 있다.

본 비평은 우리 사회와 역사가 가졌던 거대한 힘과 이것이 초래한 여러 단절적 전환이 어떻게 오늘날의 물리적 세계에 영향을 주었는가에 대한 관심에서 출발하였다. 여기에서 나아가, 본 비평은 시간적으로 지난 50여 년을, 공간적으로 대한민국을 중심으로 일어난 물리적 세계의 변화를 '한국 도시화 50년'으로 규정하고, 이를 통해 일어난 대한민국 공간의 탄생과 변화를 비평적으로 논하고자 한다. 한국의 도시화는 일견 사회적 현상이자 역사의 기록으로만 여겨질 수 있지만, 사실은 내 부모 세대의 이야기이자, 내 세대의 이야기이며, 내 자식 세대의 이야기다. 따라서 내가 듣고, 보고, 경험한 내용 역시 우리 사회의 편린을 넘어 우리 역사의 단면과 전형을 증언하는 중요한 도구라 할 수 있으므로, 사회적 통계나 역사적 기록물 못지않게 활용하고자 한다. 이를 통해 객관적 자료와 과학적 논증을 지향하는 일반적인 연구 저작물과는 다른, 직관적 경험과 풍부한 영감을 전달하는 자유롭고 탐색적인 글쓰기를 하고자 한다. 최종적으로 본 비평을 통해 나 스스로 대학을 입학하면서 오랫동안 품었던 '나는 누구이며, 여기는 어디인가?'에 대한 본질적 물음에 공간적으로 답을 내리고자 한다.

텍스트로서의 대한민국 공간

오늘 우리가 사는 공간이 오래 전부터 거기에 있었던 것처럼 너무나 익숙하고 당연하게 느껴질 때가 있다. 하지만 우리는 분명 이전에는 없었던 집과 마당에서, 그리고 마을과 도시에서 살고 있다. 약 130년 전 조선을 방문한 오스트리아 여행가 헤세-바르텍은 우리의 대표적 도시인 서울의 공간을 이렇게 기술하고 있다. "지금까지 내가 보아왔던 도시 중에서도 서울은 확실히 가장 기묘한 도시다. 25만 명가량이 거주하는 대도시 중에서 5만여 채의 집이 초가지붕의 흙집인 곳이 또 어디에 있을까? 가장 중요한 거리로 하수가 흘러들어 도랑이 되어버린 도시가 또 있을까? 서울은 산업도, 굴뚝도, 유리창도, 계단도 없는 도시, 극장과 커피숍이나 찻집, 공원과 정원, 이발소도 없는 도시다."[1]

오스트리아인 헤세-바르텍이 독특하고 신랄한 사람이기에 서울에 대해 이렇게 증언한 것은 아니다. 19세기 말 조선을 방문한 수많은 선교사들과 여행자들, 그리고 인류학자들은 헤세-바르텍과 대동소이한 맥락에서 우리의 삶과 공간에 대하여 이야기한다.[2] 놀랍게도 오늘날 서울은 과거의 흑평을 상상하기 힘들 정도로, 인구 1,000만에 이르는 메가시티이자, 전 세계 혁신의 스마트시티이며, 한류로 유명한 역사문화도시가 되었다.

과연 그동안 우리에게는, 우리의 물리적 세계에는 무슨 일이 있었던 것일까? 물리적 세계에 엄청난 변화가 있었다면, 과연 언제, 무엇이, 어떻게 달라져서, 오늘날 우리가 살고 있는 공간이 형성되었을까? 약 130년 전의 조선에서 단 한 번의 거대한 파도로 오늘날의 물리적 세계가 만들어졌을까? 아니면 그동안 작은 여러 번의 파도가 있었던 것일까? 이와 같은 일련의 질문들은 텍스트로서 우리의 공간을 탐구하는 것을 요구하며, 나는 이에 대한 답으로 대한민국의 탄생과 함께 일어난 단절적인 공간의 전환에 주목한다.

대한민국의 탄생은 1919년 상해 임시 정부의 법통을 계승하고, 1948년 정부가 수립하며 본격적으로 형성되었지만, 대한민국 공간의 탄생은 6.25전쟁으로 잿더미가 되어버린 국토로부터 십 수 년이 흐른 후에 본격화되기 시작하였다. 내가 주목하는 대한민국의 공간, 즉 대한민국의 공간만이 가지는 독특한 특징은 정부 주도의 개발이 시작된 1962년 이후에 형성되기 시작했으며, 나아가 본격적인 국토 개발이 시작된 1970년 1차 국토종합개발계획을 계기로 가속화되었다. 다시 말해, 대한민국 공간의 탄생은 최근 50여 년의 일이며, 우리의 일상 세계는 50여 년 동안 형성된 공간 속에서 주로 이루어지고 있는 것이다.

요약하건대, 나는 모든 산업 국가들이 겪는 거대하고 빠른 도시화의 흐름을 대한민국이 어떻게 겪었는지에 대해 그 기제와 과정과 결과물을

수선전도(1849, 왼쪽)[3]와 스마트시티 서울 지도(2024, 오른쪽)[4]
수선전도와 스마트시티 서울 지도는 모두 서울의 물리적 공간에 기반하고 있음에도 불구하고, 풍수의 도시 서울과 스마트시티 서울이 각각 무엇에 보다 주목하고 있는지를 보여준다. 수선전도는 서울의 다양한 산세와 물길과 지역이 섬세하게 표현되어 있는 반면, 스마트시티 서울의 대표적인 서울시 교통정보시스템(TOPIS) 지도는 여러 교통수단 관련 정보와 교통의 흐름을 실시간으로 보여준다.

중심으로 본 비평에서 탐구하고자 한다.

도시는 우리에게 낯선 공간이었다

오늘날 전 세계 인구는 82억 명에 이르고 있으며, 이 중 약 57%에 이르는 47억 명의 인구가 현재 도시에 모여 살고 있다.[5] 그리하여 도시는 일견 우리에게 너무나 친숙하고 오래된 거주 공간처럼 인식될 수 있지만, 사실 도시는 역사적으로 보면 인류에게 상당히 낯설고 새로운 거주 공간이라 할 수 있다. 이와 같은 판단을 위해, 전체 인구 대비 도시에 사는 인구의 비율을 뜻하는 도시화율의 역사적 변화를 살펴보면, 전 세계 도시화율은 1700년대까지도 5% 내외에 불과하였으며, 이후 1800년에는 7.3%, 1900년에는 16.4%, 1950년에는 29.6%로 상승을 하였고, 2007년에 이르러서야 비로소 50%를 넘어서기 시작한다.[6] 다시 말해, 도시의 비약적 성장과 발전은 최근 200여 년의 일이며, 도시가 인류 역사상 가장 많은 인구가 거주하는 공간으로 등극한 것 역시 최근 10여 년의 일이라는 것을 알 수 있다.

대한민국의 도시화율 역시 변화의 시기에는 다소 차이가 있지만, 전 세계 도시화율과 유사한 흐름을 보여준다. 전통적인 농업 국가이자 유교 국가인 조선은 도시의 성장과 발전을 촉진시키는 상공업이 활성화되어 있지 못하였으며, 사회의 지배 계층인 양반조차도 대다수가 농지를 기반으로 향촌의 촌락에 거주하였다. 이와 같은 이유로, 대한민국의 도시화율은 1950년 이전에는 20%에도 채 미치지 못하였으며, 이후 1960년대에 경제 개발과 산업 발전을 본격적으로 시작하면서 도시가 비약적으로 성장하고, 도시화율 역시 재빠르게 상승하였다. 오늘날에는 물론 통계에 따라 도시와 농촌 지역을 규정하는 방식이 달라 다소 차이가 있지만, 대한민국의 도시화율은 80~90% 이상에 이르고 있다.[7]

대한민국의 수도 서울은 더욱 더 극명하게 최근의 재빠른 도시화 과정을 보여준다. 1392년 조선이 건국되고 서울로 천도한 이후 태종 때의 인구가 10만 명이었으나, 이로부터 500여 년이 흐른 1900년대까지도 서울의 인구는 20만 명에 불과하였다. 이후 서울의 인구는 일제 강점기와 해방 그리고 한국 전쟁을 거치면서 급상승하기 시작하였고, 1960년에 245만 명, 1970년에 543만 명, 1980년에 836만 명, 1990년 1,000만 명 이상에 이르는 세계적인 대도시가 되었다.[8] 오늘날에는 지난 25년 이상 유지되어 오던 1,000만 명 이상의 인구에서 다소 감소하고 있지만, 서울은 여전히 대한민국 인구 절반 이상이 거주하는 수도권의 중심 역할을 하고 있다. 앞서의 역사적 맥락을 종합하자면, 오늘날의 도시가 가지는 위상은 전 세계적으로도, 대한민국에게도, 서울에게도 낯설고 새로운 일이라는 것을 알 수 있다.

한편, 한국의 도시화는 단지 거시적 차원의 현상이 아니라, 우리의 일상적 경험이며, 개개인에게 여전히 현재진행형으로 관찰되는 사실이라는 점에 주목할 필요가 있다. 나는 지금도 1985년 5월 5일의 기억이 선명하다. 봄비답지 않게 을씨년스러운 보슬비가 내리던 어느 날, 우리 가족(부모님과 삼남매 그리고 삼촌 둘)은 용달차 두 대에 세간살이를 싣고, 새로 지은 대전 용운동 주공아파트에 입주하였다. 우리의 새로운 아파트 단지는 벌판 또는 산과 마주한 채 주변에 학교도 동네도 없이 홀로 덩그러니 서있었다. 그로부터 21년이 흐른 2006년까지 부모님은 우리 삼남매가 서울로 공부와 직장을 위해 떠난 이후에도 계속 그 집에서 사셨다. 이후로도 부모님은 용운동 주공아파트 인근의 새로 지은 아파트에 거주하셨기에, 나는 30여 년이 넘는 시간 동안 하나의 아파트 단지가 성장하고 쇠퇴하는 전 과정을 볼 수 있었다.

용운동 주공아파트는 준공 이후 15년 넘게 아이들을 키우고, 자연과 호흡하며, 쾌적한 생활을 하기에 불편함이 없는 소박한 아파트였다. 하지만, 2000년대 중반 이후 전국적인 부동산 열풍과 저층형 아파트 단지에 대한 재건축 선호와 함께 급격하게 쇠퇴하기 시작하였다. 이때부터 많은 주민들과 관리사무소는 어떻게 하면 아파트를 더 낡아 보이게 할 수 있을까 고민을 했던 것 같다. 나무가 울창하게 자란 소박한 아파트 단지는 재건축의 열망 속에 장기수선충당금조차 없는 아파트 단지가 되어 점점 더 슬럼처럼 황폐화되기 시작했다.[9] 그러던 2017년 어느 날, 미국 유학을 마치고 세종시로 돌아온 나는 용운동 주공아파트 대지에 새로운 아파트가 들어선다는 광고와 모델하우스를 우연히 접하게 되었다. 35년이란 시간의 흐름 속에서 용운동 대지 297은 3~5층이 주조를 이루는 54개 동

2006년 10월 28일

2017년 6월 15일

2018년 2월 7일

2018년 8월 2일

2020년 12월 1일

대전광역시 용운동 대지 297의 최근 10여 년의 변화와 2020년 예정 조감도
구글 어스(Google Earth)에서 제공하는 용운동 대지 297의 가장 오래된 항공사진은 2006년 10월의 사진이다. 이로부터 지난 10여 년 동안 용운동 대지 297에는 커다란 변화가 없었다. 2018년 2월의 사진은 용운동 주공아파트의 철거가 완료된 모습을 보여주고, 2018년 8월의 사진은 기초 공사가 완료된 아파트의 여러 동의 모습을 보여준다. 이런 숨가쁜 속도의 끝에 2020년 12월에 예정 조감도의 모습대로 준공되었다.

1,130세대의 용운동 주공아파트에서 동일한 34층의 18개 동, 2,267세대의 e편한세상 대전에코포레로 탈바꿈되고 있는 중이었다.

나는 10여 년 넘는 재건축의 준비 기간과 한국토지신탁 사업대행자 방식을 통해 100% 분양에 성공하고, 과거와는 완전히 다르게 탈바꿈된 아파트 단지를 폄하하거나 비판하고 싶지는 않다.[10] '표1'에서 보는 것처럼, 새로운 아파트 단지는 새로운 시행 주체에, 새로운 브랜딩에, 새로운 물리적 공간을 지향하였다. 이를테면 현재 민간 건설사는 에코를 모토로, 기존보다 주차 대수는 10배 이상, 평면 면적은 평균적으로 25% 이상 증가한 아파트 단지를 건설하였다. 그럼에도 불구하고, 너무나도 흥미로운 점은 아파트 주변 동네는 35년이란 세월 동안 크게 변하지 않았다는 점이며, 앞으로도 그다지 변할 것 같지 않다는 것이다. 이것은 일상의 미시적 도시화가 얼마나 선택적으로 일어나는지를 깨닫게 한다. 어쩌면 대규모 저층 아파트 단지는 도시 변화의 촉매이며, 미충족의 용적률은 개발 이익을 창출해내는 도시의 트랜스포머일지도 모르겠다는 생각을 하게 한다. 지금으로부터 다시 30년이 흘러, 아니 60년이 흐른다면, 나의 고향 용운동은 어떻게 되어 있을까? 왠지 어떤 커다란 물리적 변화도 없이 2020년의 예정 조감도에서 많이 퇴색한 모습일 것 같다.

표1. 대전광시 용운동 대지 297의 35년 동안의 변화, 1985~2020

아파트명	용운동 주공아파트	e편한세상 대전에코포레
건설사명	대한주택공사	대림건설
준공년월	1985년 4월	2020년 12월
총 동수	54동	18동
총 세대수	1,130세대	2,267세대
총 주차 대수	230대	2,649대
세대당 주차 대수	0.2대	1.17대
최고층	5층	34층
최저층	2층	지하 2층
면적	47, 51, 52, 54, 65m²	64, 83, 98, 101, 112m²

물리적 공간 이상의 물리적 상징

한국의 도시화와 물리적 공간은 특별한가? 특별하다면, 과연 얼마나 특별한 것일까? 나는 때때로 우리의 사회와 역사를 다른 시대나 지역과 동일하게 가정하며 서술하는 글에 대해서 아쉬움 또는 반감을 느끼고는 한다. 하지만 마찬가지로 우리의 사회와 역사를 너무 특별하다고 가정하며 기술하는 글에 대해서도 동일한 아쉬움 또는 반감을 느끼게 된다. 다시 말해, 한국의 도시화와 물리적 공간을 서술하는 데에 있어서도 우리 사회와 역사에 대한 맥락성과 함께 다른 시대나 지역에 대한 확장성 또는 보편성을 함께 다룰 필요가 있다.

　내가 생각하는 한국 도시화 50년의 두드러진 특징 중의 하나는 물리적 공간이 공간 그 자체를 넘어서 물리적 상징으로 역할을 하였다는 것이다. 우리에게는 일제 강점기와 한국 전쟁 그리고 남북 분단을 거치면서 근대화의 후발 주자이자, 자유민주주의를 통한 북한과의 체제 경쟁에서 승자가 되기 위한 일종의 열등감과 함께 절박함이 있었다. 이에 따라 우리 사회와 역사에는 가시적 목표를 향한 열망이 지배적이었으며, 물리적 공간조차 물리적 상징으로서의 역할이 상당히 중요하게 되었다. 따라서 한국의 도시화는 도시화 현상이라는 중립적인 표현보다는 도시 만들기라는 정치적이며 의도적인 표현을 키워드로 삼아 이해하고 해석할 필요가 있다.

　이에 더하여, 대한민국 공간의 탄생과 변화는 끊임없는 건조 환경의 실험과 물리적 세계의 단절적 전환으로 압축할 수 있으며, 정부 주도의 도시화와 대규모 물리적 개발은 이와 같은 변화를 초래한 실질적 기제로서 역할을 하였다. 인상적이게도 조선 왕조는 유교 국가이자 농업 국가로서 도시화가 유난히 더딘 500여 년을 보여주었지만, 대한민국은 정부에 관

계없이 국정의 주요 의제로서 '새로운 도시 만들기'를 최근 50여 년 동안
지속하였다. 이에 따라 대한민국의 물리적 공간은 공간적 실체보다는 정
부의 상징이자 위업의 치적으로서 중요한 역할을 하게 되었다. 이에 대해
나는 구체적으로 '표2'에서 보는 것처럼 새마을운동이 시작한 1970년부
터 문재인 정부의 임기 마지막 해인 2022년에 이르는 '새로운 도시 만들
기 50년'을 정리하였다. 이를테면 1970년대는 농촌의 도시화를 목표로
새마을운동이, 1980~90년대는 근교의 도시화를 목표로 1기 신도시와
200만호 건설 계획이, 2000년대는 지방의 도시화를 목표로 행정중심복

표2. 중앙 정부가 추진한 '새로운 도시 만들기'의 시대별 목표와 주요 사례

시대	목표	주요사례
1970년대	농촌의 도시화	새마을운동
1980~1990년대	근교의 도시화	1기 신도시와 주택 200만 호 건설 계획
2000년대	지방의 도시화	행정중심복합도시와 혁신도시
2010년대	자연의 도시화	4대강 자전거길과 코리아 둘레길
2020년대	도시의 도시화	도시재생과 스마트시티

새마을운동과 도시재생 뉴딜의 신문 기사
두 신문 기사 모두 「매일경제신문」의 기사로, 새마을운동 기사는 1972년 3월 8일에, 도시재생 뉴딜 기사
는 2018년 9월 1일에 보도되었다. 두 신문 기사는 46년의 시간 차이에도 불구하고, 중앙정부 주도로 시범
사업 지역을 통해 지방이나 마을 살리기를 시도한다는 유사점이 있다. 구체적으로 중앙정부는 시범사업 지
역을 선정하고 유형화하며, 재원을 확보하고 배분하는 역할을 수행하였다. 어쩌면 중앙정부의 '새로운 도시
만들기' 작업은 지난 50여 년 동안 대동소이하게 진행되었으며, 이와 같은 과정 속에서 지방이나 마을의 다
양성 향상과 창발성 유도는 불가능한 도전이었을지도 모른다.

합도시와 혁신도시가, 2010년대는 자연의 도시화를 목표로 4대강 자전거길과 코리아 둘레길이 추진되었으며, 2020년대는 도시의 도시화를 목표로 도시재생과 스마트시티가 추진되었다.

대한민국 공간의 리질리언스

'새로운 도시 만들기'는 정부 주도의 도시화와 대규모 물리적 개발의 핵심 목표이자 불가피한 결과물이었다. 하지만 이제는 지금까지의 '새로운 도시 만들기'에 대한 공과를 논의하고, 과연 앞으로도 이것이 지속가능한가에 대해 본질적 의문을 던져야 하는 시점에 이르렀다. 이에 나는 리질리언스의 개념과 이론 및 방법론에 입각하여, 대한민국 공간의 지속가능성을 해석하며 비평하고자 한다. 리질리언스는 기본적으로 변화를 이해하고 설명하기 위한 개념어다. 리질리언스는 외부의 충격과 변화에 시스템이 본래의 구조와 기능 및 정체성을 유지하는 능력을 말하며, 우리말로는 회복력, 복원력, 회복탄력성 등으로 번역된다.[11] 이를 바탕으로 나는 대한민국 정부의 '새로운 도시 만들기' 자체뿐만 아니라, 이로 인해 형성된 각 시대별 공간 사례들의 리질리언스에 대해 분석할 예정이다.

　나아가 대한민국 공간의 탄생과 리질리언스는 우리 사회의 지속가능성과 불가분의 관계에 있음을 제시하고자 한다. 최근 50여 년의 한국 도시화는 속도와 규모의 특이점으로 인해, 물리적 세계의 변화뿐만 아니라 사회생태적 세계의 변화 역시 초래하였다. 더욱이 물리적 세계의 변화조차도 건축, 도시, 조경, 경관, 지역 등으로 구분할 수 없는 다층적인 통합 건조 환경의 변화였다. 그러므로 정부 주도의 '새로운 도시 만들기'는 물리적 공간의 탄생과 변화를 넘어서, 오늘날 우리 사회의 난제라 할 수 있는 빈집, 지방 소멸, 1인 가구, 저출산, 고령화 등에 직간접적 영향을 주

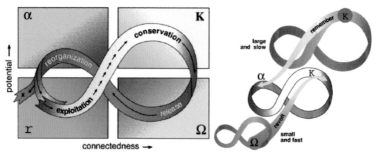

리질리언스 이론의 주요 개념도

다음의 두 개념도는 리질리언스 이론의 주요 개념을 설명하기 위해 활용된다. 우선, 왼편의 개념도는 적응적 순환(Adaptive Cycle)이며, 사회생태 시스템을 비롯한 복잡적응계의 동적인 관계를 설명하는 경험적 모형이다. 적응적 순환은 r(이용/성장, exploitation) → K(보존/축적, conservation) → Ω(창조적 파괴/이완, release) → α(재조직화, reorganization)의 4단계 순환 주기로 구성된다. 한편, 오른편의 개념도는 패나키(Panarchy)[12]이며, 사회생태 시스템을 비롯한 복잡적응계의 전체 구조를 설명하는 용어로서, 시공간적으로 여러 개의 적응적 순환 모형들이 위계를 가지고 중첩되어 있는 순환(nested cycles) 모형의 집합을 말한다. 패나키는 상위 체계가 하위 체계를 지배한다는 뉘앙스를 주는 '위계(hierarchy)' 개념을 피하기 위해서 만들어진 용어이며, 상위 체계와 하위 체계가 상호작용(cross-scale interactions)을 일으킨다는 개념을 담고 있다.

었음을 인식할 필요가 있다.

　본 비평은 대한민국의 공간을 탄생시키고 변화시킨 거대한 힘과 물리적 세계의 단절적 전환, 그리고 이에 따른 사회생태적 영향에 대해 탐구한다. 도시를 탐구하는 것은 복잡계를 탐구하는 것이며, 이것은 기본적으로 불확실성과 비예측성을 탐구하는 것이다. 본 비평이 이 거대하고 야심찬 주제에 대해 얼마나 해명을 할 수 있을지 미지수이지만, 본 비평을 통해 독자들의 인식과 생각이 변화되기를 바란다. 그것이 본 비평의 가장 큰 목적이며, 나 자신과 독자가 조금이라도 해방되는 길일 것이다.

1. 에른스트 폰 헤세-바르텍, 정현규 역, 『조선, 1894년 여름』, 책과함께, 2012, pp.83~84.

2. 조현범, 『문명과 야만: 타자의 시선으로 본 19세기 조선』, 책세상, 2002.

3. "수선전도(서울의 옛 지도,1840년경)", 서울특별시, 2024년 12월 1일 접속, https://museum.seoul.go.kr/www/relic/RelicView.do?mcsjgbnc=PS01003026001&mcseqno1=002080&mcseqno2=00000&cdLanguage=JPN

4. "Seoul TOPIS(Transport Operation & Information Service)", 서울시 교통정보시스템, 2024년 12월 1일 접속, http://topis.seoul.go.kr

5. "World Population", Worldometers, 2024년 12월 1일 접속, www.worldometers.info/world-population

6. Ritchie, Hannah and Max Roser (2018) "Urbanization", Our World in Data, 2024년 12월 1일 접속, https://ourworldindata.org/urbanization

7. Kim, Chung Ho (2017) Community Resilience of the Korean New Village Movement, 1970-1979: Historical Interpretation and Resilience Assessment, ProQuest Dissertations and Theses.

8. 서울특별시사편찬위원회, 『시민을 위한 서울역사 2000년』, 2009.

9. 임병안, "녹슬고 뜯기고 무너지고, 재건축에 갇힌 대전 주공아파트", 중도일보, 2016년 9월 7일.

10. 문상연, "재개발 재건축 갈등 줄이고 자금 '숨통' 신탁대행방식 통했다", 하우징헤럴드, 2018년 11월 21일.

11. Holling, C. S. (1973) "Resilience and stability of ecological systems", Annual Review of Ecology & Systematics, 4. / Gunderson, L. H. and C.S. Holling, 2002. Panarchy: Understanding Transformations in Systems of Humans and Nature, Washington, D.C: Island Press. / Walker, B., Holling, C. S., Carpenter, S. R., abd Kinzig, A. (2004) "Resilience, Adaptability and Transformability in Social-ecological Systems", Ecology and Society, 9(2), 5.

12. Holling, C. S. (2004) From complex regions to complex worlds. Ecology and society, 9(1).

02.
한국 도시화의
거시적 현황:
쏠림 현상

도시화는 인간 세계의 특이한 현상이다

600년의 변화? 100년의 변화! 50년의 변화

집의 변화, 마을의 변화, 도시의 변화, 지역의 변화, 국토의 변화

대한민국 도시화의 속도와 규모의 특이점

끊임없는 전환기와 일관된 방향성

도시화는 인간 세계의 특이한 현상이다

한국 도시화의 거시적 현황을 이야기하기에 앞서, 우선 우리의 기억 속 어딘가에 남아있을 중고등학교의 과학 시간으로 되돌아가보자. 혹시, 확산이라는 개념이 떠오르는가? 확산은 방 한구석에 향수병을 열어 놓으면, 얼마 후에 방안 전체에서 향수 냄새가 나는 현상을 말한다. 다시 말해, 확산은 어떤 물질이 농도가 높은 곳에서 낮은 곳으로 이동하여, 그 농도가 균일하게 되는 현상을 뜻한다.[1] 이와 같은 현상을 설명하는 다른 용어로 엔트로피entropy(무질서도)라는 개념도 있다. 열역학 제2법칙에 따르면, 에너지는 고립계에서 엔트로피가 증가하는 방향으로 흐른다. 즉, 열은 뜨거운 물체에서 차가운 물체로 흐르며, 나아가 자연계에서 일어나는 현상에는 비가역적인 방향성이 있다는 것이다.[2]

이와 같은 관점에서 오늘날 우리가 살고 있는 공간을 바라보면 어떠할까? 오늘날 전 세계 인구의 57%가, 대한민국 인구의 80~90% 이상이 도시에 살고 있다. 도시는 물리적으로 단순하게 이야기하자면, 사람과 건물이 많이 모여 있는 공간을 말한다. 이것은 결국 밀도의 개념과 관련되어 있으며, 앞서 이야기한 농도 그리고 엔트로피와도 연관된다. 하지만 자연계의 현상과는 반대로 우리의 인간 세계에서는 시간이 지나면서 오히려 인구 밀도와 건물 밀도 등이 점점 높아지는 도시화 현상이 일어나고 있다. 이것은 마치 방안 전체에 퍼져있는 향수 분자가 방안 한구석에 있는 향수병 안으로 급격하게 모여드는 것과 유사한 일이라고 할 수 있다. 이러하기에 도시화는 본질적으로 상당히 인위적일 뿐만 아니라, 많은 에너지가 동반되는 현상이라고 할 수 있다. 이번 장에서는 한국 도시화의 거시적 현황을 보다 큰 시공간적 맥락 하에서 살펴보고자 한다.

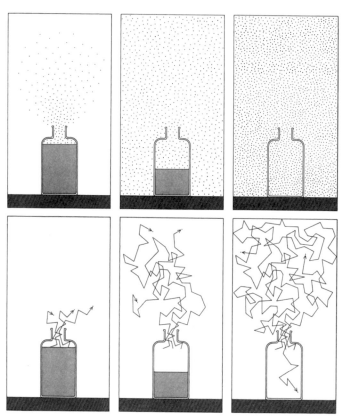

THOUGHT EXPERIMENT concerning the diffusion of perfume reveals an apparent paradox: the process as a whole always proceeds in the same direction, but it is defined by microscopic events each of which is freely reversible. The bottle of perfume is opened in a hypothetical sealed room that cannot communicate with the outside world. The top series of drawings, when read from left to right, shows molecules beginning to escape the surface of the liquid and gradually filling the room, until eventually all the perfume has evaporated. When the drawings are read in the opposite direction, they represent a process never seen in nature: all the molecules spontaneously reassemble and condense in the bottle. In the bottom drawings the same experiment is depicted in microscopic detail. Individual molecules escape the surface and follow complicated zigzag trajectories that take them to all parts of the room. This sequence of events could well proceed in reverse order, since if every molecule reversed its direction, they would all retrace their paths and return to the bottle. A molecule following a reversed trajectory would obey all the laws of physics, and indeed it would be impossible to determine by examining the path of a single molecule whether it was part of a forward experiment or a reversed one.

확산 개념도

우리에게 친숙한 확산 개념의 향수병 삽도는 하버드 대학교 천문학과 명예교수 데이비드 레이저 (David Layzer)의 1975년 논문 "시간의 화살(The Arrow of Time)"로 거슬러 올라간다.[3] 사실 이 논문은 우리가 이해하고 있거나 이 책에서 설명하는 것처럼 확산을 단순하게 설명하지는 않는다. 논문은 확산에 대한 두 가지 관점을 보여주는데, 향수병과 방의 거시적 관점(위의 삽도)에서 보면 향수병에서 방으로 향수 냄새가 이동하였다고 설명할 수 있지만, 향수 분자의 미시적 관점 (아래의 삽도)에서 보면 향수병 안을 빠져 나오는 분자뿐만 아니라 향수병 안을 다시 들어가는 분자가 혼재되어 있다고 할 수 있다. 다시 말해, 열역학 제2법칙의 비가역적인 방향성에도 불구하고, 향수 분자가 절대적으로 향수병 안에서 밖으로만 이동한다고 설명할 수는 없다는 것이다. 마찬가지로, 한국의 도시화 과정 중에도 서울로 이주한 절대 다수의 사람들뿐만 아니라, 서울에서 시골로 이주한 일부 소수의 사람들도 있었다.

600년의 변화? 100년의 변화! 50년의 변화

한국 도시화의 거시적 현황을 이해하기 위해서는 도시화의 개념적 정의와 함께 한국 도시화 현상을 시간과 공간이라는 두 차원에서 규명할 필요가 있다. 우선, 도시화의 개념은 물리적, 지리적, 사회적 관점 등으로 다양하게 정의를 내릴 수 있지만, 도시화에 대한 가장 기본적 정의는 인구통계적 관점을 따른다. 전 세계 인구 관련 통계의 가장 핵심 기관이자 권위적 기구인 UN 통계국United Nations Statistics Division은 도시화를 "① 도시 지역에 사는 인구 비율이 증가하는 현상; ②많은 사람들이 비교적 좁은 지역에 도시를 형성하면서 집중하는 과정"으로 정의 내리고 있다.[4] 다시 말해, 도시화는 본질적으로 인구, 시간, 공간의 문제이며, 도시화 현상은 '얼마나 많은 사람이', '얼마나 빠른 시간에', 그리고 '얼마나 좁은 공간으로' 집중하고 있는가로 설명할 수 있다.

나아가 도시화 현상은 도시 형태 및 공간 변화와 관련된 물리적 현상, 농촌에서 도시로 인구가 이동하는 지리적 현상, 인구 집중으로 인한 사회적 갈등 및 생활 방식의 변화가 일어나는 사회적 현상 등으로 다양하게 다루어진다. 이와 같은 다양한 관점으로 인해 도시화의 역사는 물리적 공간을 중심으로 기술하는 건조 환경의 역사(건축사, 조경사, 도시사 등)와는 다른 인구통계적, 지리적, 사회적 측면 등이 존재하며, 특히 집합적 인간으로서의 인구, 통합적 공간으로서의 마을이나 도시, 나아가 지역 또는 국토 등이 중점적으로 다루어지게 된다.

이제 한국 도시화의 거시적 현황을 시간적 차원에서 규명해 보자. 이를 위해 구체적인 인구 변화를 기술하기에 앞서 인구조사의 역사를 먼저 살펴볼 필요가 있다. 한반도에서의 인구조사는 삼한시대까지 거슬러 올라가며, 삼국시대를 거쳐, 고려시대와 조선시대까지 '호구 조사'라고 불리며 시행되었다.[5] 호구 조사는 세금 납부와 징병 목적으로 시행되었기 때문에, 조세, 부역, 공납 등의 의무가 있는 양인 남자를 중심으로 이루어졌다. 조선시대는 국가 운영을 위해 호구 조사에 특히 공을 많이 들였지만, 여자와 아동, 노비 등이 실제 조사에서 제외되었기 때문에, 조선시대조차도 총 인구의 대략 40~50% 정도만이 실제로 조사되었다고 여겨진다.[6] 이에 따라 조선왕조(1392~1897)와 대한제국(1897~1910)을 포함한 500여 년의 인구는 호구 조사를 바탕으로 하는 추정이 필요하며, 개략적으로 1392년에 550만 명, 1500년에 940만 명, 1600년에 1,170만 명, 1700년에 1,440만 명, 1800년에 1,840만 명, 1910년에 1,740만 명으로 추산한다.[7] 이와 같은 인구 변화는 조선 초기에는 정치적 안정, 농업 발전, 국경 확장 등으로 인구가 증가하였지만, 17세기 이후에는 기술이나 산업 발전 등이 더디었기 때문에 특별한 외침의 시기를 제외하고는 인구가 일정하게 유지되었을 것이라는 역사적 사실을 반영한다.

한편, 오늘날 우리가 시행하고 있는 인구센서스와 유사한 근대적인 의미의 인구조사는 일제 강점기 조선총독부에 의해 1925년에 처음으로 시작되었다. 이로부터 근 100년 동안의 인구 변화를 주요 인구 지표를 중심으로 요약하면 '표3'과 같다.[8] 참고로 표의 1925년과 1940년의 인구는 한반도 전체의 인구를 말하며, 1949년 이후의 인구는 대한민국의 인구만을 정리한 것이다. 지난 100여 년의 인구 변화를 간단히 요약하면, 우리 사회는 출생률과 사망률이 모두 높은 사회에서 출생률과 사망률이 모두 낮은 사회로 변화한 것을 알 수 있다. 이와 같은 인구 변동의 과정 중에, 출생률보다 사망률이 빠르게 감소하게 되어 인구가 폭발적으로 증가하게 되었다. 특히 한국 전쟁 이후 1955년에서 1964년 사이에 태어난 약 900만 명의 베이비붐 세대는 한국 사회의 인구 변화와 함께 사회 변

표3. 주요 인구 지표(1925~2010)

연도 (년)	1925	1940	1949	1960	1970	1980	1990	2000	2010
인구 (천 명)	19,020	23,547	21,502	24,989	31,466	37,436	43,411	46,136	47,991
조출생률 (A, %)	4.2	4.4	4.2	4.2	2.99	2.34	1.56	1.34	0.94
조사망률 (B, %)	3.0	2.3	2.3	1.2	0.94	0.67	0.58	0.52	0.51
자연 증가율 (C=A-B, %)	1.2	2.1	1.9	3.0	2.04	1.67	0.98	0.82	0.43
순이주율 (D, %)	-0.18	-0.89	4.19	-	-0.04	-0.10	-0.05	-0.06	0.05
인구 증가율 (E=C+D, %)	1.02	1.17	6.08	2.00	2.00	1.57	0.93	0.76	0.48
합계 출산율 (%)	6.0	6.2	6.0	6.0	4.5	2.7	1.63	1.47	1.23
기대 수명 (세)	37.5	41.5	-	55.3	63.2	65.8	71.3	76.0	80.8
도시화율 (%)	4.8	16.0	17.1	28.0	41.1	57.3	74.4	79.7	81.9

화에 중요한 역할을 담당하게 되었다. 결과적으로 오늘날에는 지난 100 년 전보다 1/5 이상 감소한 합계 출산율과 2배 이상 증가한 기대 수명으로 인해, 우리가 100년 전에는 상상도 할 수 없었던 저출산, 고령화의 문제에 당면하게 되었다.

이에 더해 우리의 도시화율은 앞서의 주요 인구 지표들보다 더욱 더 압축된 시간 흐름을 보여준다. 이를 보다 명확하게 규명하기 위하여, 매 5년마다 도시화율의 상대적 차이인 도시화 속도를 계산하였다. 이에 따른 한국의 도시화율과 도시화 속도는 그림에서 보는 것과 같다. 구체적으로 도시화 속도는 1960~1965년에 4.00% 이상으로 가속화되기 시작하여, 1990~1995년까지 이어진다. 특히 도시화 속도는 1965~1970년부터는 8.00% 이상을 보이기 시작하며, 이것이 1985~1990년까지 이어진다. 다시 말해, 한국의 급속한 도시화 기간은 짧게는 25년(1965~1990년)이며, 길게는 35년(1960~1995년)에 이르고 있다. 현재 한국의 대다수 인구는 이미 도시에 거주하고 있기 때문에, 인구의 대부분이 다시 농촌으로 이주하지 않는 이상 앞으로 급속한 도시화는 더 이상 역사적으로 일어날 수 없을 것이다. 한국 도시화의 거시적 현황을 시간적 차원에서 요약하자면, 조선왕조 600년보다, 일제 강점기 이후 100년의 인구 변화가 더욱 급진적이었으며, 실제 한국의 도시화는 최근 50년의 변화라는 것이다.

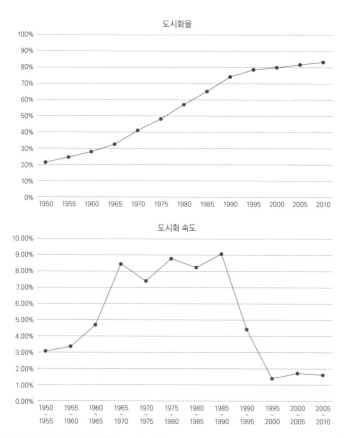

한국의 도시화율과 도시화 속도 변화, 1950~2010
한국의 도시화율 그래프는 S자 커브를 가로로 늘린 모양이며, 구체적으로 도시화율은 완만한 경사에서 급한 경사로, 그리고 다시 완만한 경사로 변화하였음을 알 수 있다. 도시화율의 상대적 변화는 도시화 속도 그래프를 통해 파악할 수 있으며, 이를 통해 한국의 급속한 도시화는 짧게는 25년, 길게는 35년에 걸쳐 일어났다는 것을 알 수 있다. 결과적으로 오늘날 한국의 도시화는 인구통계상의 수치로는 거의 완성 단계에 이르렀음을 알 수 있다.

집의 변화, 마을의 변화, 도시의 변화, 지역의 변화, 국토의 변화

다음으로 한국 도시화의 거시적 현황을 공간적 차원에서 살펴보자. 우리의 물리적 세계에는 집, 마을, 도시, 지역, 국토 등이 있으며, 최근 50년 동안에 집도, 마을도, 도시도, 지역도, 국토도 모두 함께 급격하게 변화하였다. 우선, 한국의 도시화 과정을 국토 전체 차원에서 인구 변화를 중심으로 조망하면 그림과 같다. 구체적으로 1970년대만 해도 한국의 행정구역상 인구 차이는 그리 크지 않았다. 심지어 지형적으로 산지에 위치한 지역 역시 인구가 두드러지게 적지 않은 편이었다. 하지만 시간이 흐르

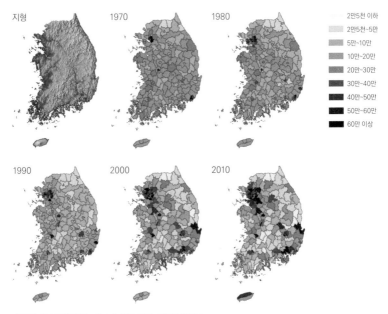

한국의 행정구역별(시·군·구) 인구 변화, 1970~2010
한국의 행정구역상 시·군·구는 기초지방자치단체이며, 2023년 12월 현재 226곳이 존재한다. 행정구역은 시대에 따라 지속적으로 개편되었기 때문에, 해당연도별로 지도상 행정구역의 크기 및 범위의 차이가 존재한다. 한편, 시는 보통 인구 5만 이상의 읍이 군에서 분리되어 형성되고, 구는 특별시나 광역시의 하위 행정구역으로서 대부분 인구 10만 이상이 거주한다. 따라서 행정구역의 면적 차이에도 불구하고 인구 5만 또는 10만 이하로 표시된 군 지역은 지난 50여 년 동안 인구가 급격하게 감소한 지역이라고 추정할 수 있다.

면서 서울을 중심으로 수도권이 확장하며, 점점 더 많은 인구가 집중되었다. 또한, 부산, 대구, 광주, 대전, 울산 등의 지역 거점을 중심으로 역시 인구가 집중되었다. 이것은 국토 전체의 관점에서 볼 때, 인구가 특정 지역으로 강하게 몰리고 있다는 것을 말한다.

이제 한국의 도시화 과정을 집이나 마을 차원에서 물리적 변화를 중심으로 살펴보자. 이에 대한 개괄적이며 직관적인 이해를 위해, 도시화 이전의 전통적인 농촌마을을 보여주는 경주 양동마을과 최근의 도시화를 극명하게 드러내는 서울 송파 헬리오시티를 비교한다. 양동마을은 조선시대를 대표하는 양반 씨족마을로서 600여 년 이상의 역사와 함께 오늘날 원형이 훌륭하게 보존되어 있는 유네스코 세계문화유산이다. 양동마을은 약 100만m²에 이르는 구릉지에 2014년 기준으로 부속사를 포함하여 402동의 건물에, 153세대가 거주하고 있다.[9] 역사적으로도 양동마을에는 지금과 유사하게 1914년에 208세대, 1965년에 175세대, 1985년에 134세대가 거주하였다.[10] 반면, 헬리오시티는 가락시영아파트의 재건축 아파트로서 2015년 9월 착공하여, 2018년 12월 입주가 시작된 대한민국에서 올림픽파크 포레온 다음으로 최대 규모의 아파트 단지다. 헬리오시티는 약 40만m²의 대지 위에, 최고 35층에 이르는 84동의 건물에 9,510세대가 거주하고 있어서 사실상 미니 신도시라고 할 수 있을 정도다. 단적인 예로, 헬리오시티 아파트 1개 동은 양동마을 전체 세대가 거주할 수 있을 정도의 세대수를 가지고 있다.

이러하듯 양동마을과 헬리오시티는 마을의 위치, 건물이나 시설의 배치·규모·형태 등에서 공간적으로 극명한 대비를 이룬다. 하지만 양동마을과 헬리오시티의 가장 큰 차이점은 마을을 구성하는 기본적인 공간 단위가 본질적으로 다르다는 것이다. 이를테면, 양동마을은 관가정, 향

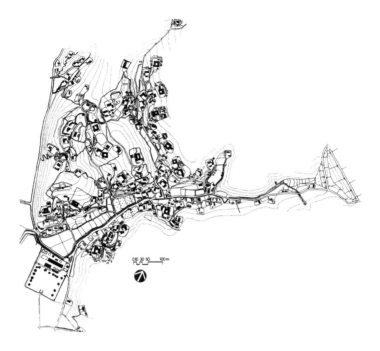

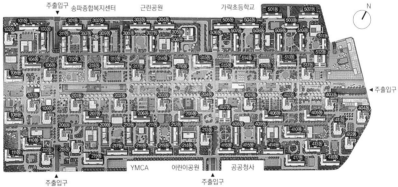

양동마을과 헬리오시티 배치도 비교

양동마을의 배치도는 자유롭고 유기적으로 보이지만, 실제 집들의 위치와 공간 구성은 등고선과 긴밀하게 조응하고 있다.[11] 반면, 헬리오시티의 배치도는 전자회로나 반도체처럼 보이며, 무한히 반복 및 확장되어 나아가는 도시의 모습을 떠올리게 한다. 이와 같은 반복과 확장으로 인해, 어느 날 술이라도 마시고 오면 내 집을 찾을 수 있을까, 초등학교 1학년 딸은 방과 후에 길을 잃지 않을까 하는 걱정마저 들게 한다. 한편, 양동마을에는 주거 공간인 삶터와 생산 공간인 일터 역시 함께 존재하지만, 헬리오시티에는 삶터만이 존재하며, 일터는 기본적으로 없다고 볼 수 있다. 이렇듯 농촌이나 도시에 거주한다는 것은 단순히 지리적이거나 공간적인 차이만이 존재하는 것이 아니라, 생활 방식의 본질적 차이도 내재하고 있다.

단, 무첨당, 독락당 등과 같은 여러 집들이 모여서 마을을 구성하고 있기 때문에, 집이 마을 구성의 기본 단위라고 할 수 있다. 심지어 양동마을은 집 내부의 안채, 사랑채, 별채 등과 같은 방이 마을 구성의 기본 단위처럼 생각되기도 한다. 하지만 헬리오시티는 계획가나 설계가, 그 누구도 집을 중요한 공간의 단위로 생각하여 마을을 구성했다고 보기 어렵다. 아마 그들이 아파트 단지를 구성하며 가장 중점적으로 고려한 공간적 단위는 아파트 동이거나 중심가로 또는 오픈스페이스였을 것이다. 다시 말해, 예전에는 개별의 집을 짓고, 이를 위한 방을 만들며 마을을 구성했다면, 이제는 여러 개의 아파트 동을 한꺼번에 늘어놓고, 이를 엮어주는 가로와 녹지 등의 체계를 고민하며 마을을 만든다는 것이다.

흥미롭게도 한국의 도시화 과정에서 계획가나 설계가들만이 이와 같은 변화를 겪게 된 것은 아니다. 오늘날에는 일반인조차도 마을 구성이나 정주 환경의 기본적인 공간 단위를 집이 아니라, 아파트 단지 또는 도시로 생각하는 것 같다. 예전에는 당신은 어디에 사는가라고 물으면 아마도 사람들은 집을 떠올렸겠지만, 오늘날에는 같은 질문에 OOO동 OOO호라고 답하기 보다는 OO마을 또는 OOO시티라고 대답할 것이다. 어쩌면 이것보다 더 큰 공간적 범위인 강남, 잠실, 분당 등을 대답할지도 모른다.

요약하자면, 한국의 도시화 과정에서 새로운 공간이 탄생했을 뿐만 아니라, 우리의 인식론적으로도 공간의 기본 구성 단위가 달라진 것이다. 비록 우리의 물리적 세계를 공간의 크기에 따라 위계적으로 구성해 보면, 집이 모여 마을이 되고, 마을이 모여 도시가 되고, 도시가 모여 지역이 되며, 지역이 모여 국토가 된다고 말할 수 있겠지만, 실상 한국의 도시화와 함께 집은 더 이상 공간 구성의 기본 단위가 아니며, 마을이나 도시가 그것을 대체하게 되었다. 우리에게 집은 이제 아파트 동이나 아파트 단지로 흡수되어 버렸고, 아파트 단지 역시 마을이기보다는 도시를 지향하는 시대가 된 것이다.

대한민국 도시화의 속도와 규모의 특이점

한국 도시화의 거시적 현황은 한 마디로 '쏠림 현상의 과정이자 결과'라고 압축할 수 있다. 쏠림 현상은 일정 시점이 지나면서 급격하게 변화가 일어나는 현상을 말한다. 앞서 살펴본 바와 같이, 한국의 도시화는 시간적으로 짧게는 25년, 길게는 35년의 시간 동안 급속도로 일어났으며, 공간적으로 집이 아니라 마을이나 도시가 주도하는 물리적 변화 과정이었다. 이에 대한 결과로서 국토 전체 차원에서 인구의 쏠림 현상이 지난 50년 동안 급격하게 일어났다. 다시 말해, 이것은 한국 도시화의 속도와 규모에 있어서 특이점이 존재한다는 것이다.

이와 같은 한국 도시화의 특이점을 기술하기 위하여, 전 세계 메가시티에 관한 간단한 통계를 살펴보고자 한다. 메가시티는 보통 인구 1,000만 명 이상이 거주하는 대도시를 말하며, 이를 통해 도시화의 속도와 규모를 서술할 수 있다. 메가시티의 판정 여부는 인구 계산에 달려 있기 때문에, 다른 인구통계 지표들과 마찬가지로 인구 계산의 지리적 범위가 아주 중요하다. 인구통계의 지리적 범위는 행정구역 경계City Proper, 도시지역 경계Urban Agglomeration, 광역도시 경계Metropolitan Area 등으로 다양하지만, 메가시티는 대개 광역도시 경계에 따라 계산을 하는 편이다.[12] 그럼에도 불구하고 전 세계 메가시티에 대한 통계는 도시마다 행정구역 또는 도시적 맥락에서 본질적 차이가 있으므로, 상호간의 절대적 비교는 유의할 필요가 있다.

2016년 기준 전 세계 상위 10개의 메가시티 현황을 보면 '표4'와 같다.[13] 표에서 보는 바와 같이 메가시티는 선진국보다는 개발도상국에 집중적으로 분포하며, 흥미롭게도 유럽에는 심지어 상위 20위권 이내에 드는 메가시티도 없다. 특히 서유럽에는 세계적 수준의 대규모 도시가 드문 편이며, 그나마 런던과 파리가 1,300만 명 내외의 인구로 서유럽에서 가장 큰 도시를 차지하고 있다. 한편 한국의 수도 서울은 전 세계 5위의 메가시티이며, 국가 내 도시 인구 비율이 50.51%로 단연 세계 최고 수준을 보여준다. 인구 5,000만 명의 절반이 서울, 즉 수도권에 모여 산다는 것은 세계적으로도 역사적으로도 특이한 일이다. 한국의 1/3 정도 크기의 대만조차도 전체 인구의 1/4 정도가 타이베이 주변에 모여 살고 있는 것과 비교해 보면, 도시국가도 아닌 한국의 도시화가 얼마나 급속한 속도로, 얼마나 수도권 중심으로 극단적으로 일어났는지를 다시금 확인시켜준다.

표4. 전 세계 메가시티 현황(2016년 기준, 상위 10개 도시)

순위	도시	국가	도시 인구 (A, 만 명)	국가 인구 (B, 만 명)	국가 내 도시 인구 비율 (A/B, %)
1	도쿄	일본	3,814	12,671	30.10
2	상하이	중국	3,400	137,437	2.47
3	자카르타	인도네시아	3,150	26,832	11.74
4	델리	인도	2,720	132,417	2.05
5	서울	대한민국	2,560	5,068	50.51
6	광저우	중국	2,500	137,437	1.82
7	베이징	중국	2,490	137,437	1.81
8	마닐라	필리핀	2,410	10,267	23.47
9	뉴욕	미국	2,388	30,875	7.73
10	뭄바이	인도	2,360	132,417	1.78

끊임없는 전환기와 일관된 방향성

한국의 도시화 50년은 농경 사회에서 산업 사회로, 농촌 사회에서 도시 사회로의 거대한 전환 시기였다. 이와 같은 거대한 전환기 속에, 여러 작은 전환기들이 쉴 없이 이어졌다. 끊임없는 전환기와 일관된 방향성을 만든 것은 단연코 정부 주도의 도시화와 대규모 물리적 개발이었다. 한국의 도시화 50년 동안 '표5'에서 보는 것처럼, 비록 시대별 목표와 주요 사례 및 대상은 달라졌을지라도 '새로운 도시 만들기'를 향한 열망과 흐름은 그대로 이어졌다. 이를테면 1970년대 새마을운동은 33,000여 개 이상 전국의 모든 농촌 마을을 대상으로 하였고, 1980~90년대 1기 신도시와 200만호 건설 계획은 수도권 5대 신도시와 함께 전국에 주택 200만 호 이상을 건설하였다. 또한, 2000년대 행정중심복합도시와 혁신도시는 180개 공공기관 지방 이전을 목표로 전국에 신행정수도 급의 도시와 함께 10개의 지방 거점 도시를 건설하였으며, 2010년대 4대강 자전거

표5. 중앙 정부의 '새로운 도시 만들기' 시대별 목표와 주요 사례 및 대상

시대	목표	주요 사례	주요 대상
1970년대	농촌의 도시화	새마을운동	– 전국의 모든 농촌 마을: 33,000여 개 이상
1980~ 1990년대	근교의 도시화	1기 신도시와 200만 호 건설 계획	– 제1기 신도시: 수도권 5대 신도시(분당, 일산, 중동, 평촌, 산본) – 전국적으로 주택 200만 호 건설
2000년대	지방의 도시화	행정중심복합도시와 혁신도시	– 180개 공공기관 지방 이전 – 행정중심복합도시: 충남(세종) – 혁신도시: 대략 시도마다 1개씩 10곳(강원, 충북, 전북, 광주·전남, 대구, 경북, 울산, 부산, 경남, 제주)
2010년대	자연의 도시화	4대강 자전거길과 코리아 둘레길	– 국토 종주 자전거길: 4대강 주변 1,853km – 코리아 둘레길: 한반도 외곽 4,500km
2020년대	도시의 도시화	도시재생과 스마트시티	– 도시재생: 5년간 총 50조 원을 전국 500여 곳에 투자 – 스마트시티: 국가시범도시(세종, 부산), 10년간 민간 투자 포함하여 총 10조 원 투자

길과 코리아 둘레길은 국토를 가로지르고 둘러싸는 자전거길과 보행로를 만들고자 하였다. 2020년대 도시재생과 스마트시티조차도 수십조 원의 재원을 쏟아 부어, 노후 도시를 재생시키고, 모든 도시를 고도화하려고 하였다. 그렇다. 우리의 끊임없는 전환기와 일관된 방향성은 지난 50년 동안 한 번도 변하지 않았던 것이다.

1. "확산", Basic 고교생을 위한 생물 용어사전, 2024년 12월 1일 접속, https://terms.naver.com/entry.nhn?docId=941889&cid=47338&categoryId=47338

2. "열역학 제2법칙", 두산백과, 2024년 12월 1일 접속, https://terms.naver.com/entry.nhn?docId=1126837&cid=40942&categoryId=32233

3. Layzer, David. (1975) "The Arrow of Time", Scientific American, 233(6), 56–69, p.57.

4. United Nations, Glossary of Environment Statistics, Studies in Methods, Series F, No. 67, United Nations: New York, 1997, pp.74–75.

5. 박병률, "인구주택총조사 90년, 조선시대 이후 변천사", 경향신문, 2015년 9월 11일.

6. Kwon, T., Lee, H., Chang Y., & Yu, E. The Population of Korea. Seoul: Population & Development Studies Center, Seoul National University, 1975.

7. 권태환·신용하, "조선왕조시대 인구추정에 관한 일시론", 『동아문화』 14, 1977, pp.289~330.

8. Kim, Chung Ho, Community Resilience of the Korean New Village Movement, 1970–1979: Historical Interpretation and Resilience Assessment, ProQuest Dissertations and Theses, 2017, p.138.

9. "양동마을 일반현황", 행정안전부 지정 정보화마을, 경북 경주 양동마을, 2024년 12월 1일 접속, http://yangdong.invil.org/index.html?menuno=2172&lnb=10103

10. 전봉희, 『씨족마을의 내재적 질서와 건축적 특성에 관한 연구』, 서울대학교 박사 논문, 1992, p.47.

11. 전봉희, 『씨족마을의 내재적 질서와 건축적 특성에 관한 연구』, 서울대학교 박사 논문, 1992, p.219.

12. United Nations, The World's Cities in 2016 - Data Booklet (ST/ESA/ SER.A/392), United Nations: New York, 2016, p.1

13. "Megacity", Wikipedia, 2024년 12월 1일 접속, https://en.wikipedia.org/wiki/Megacity

03.
한국 도시화의
일상적 현황:
밀도의 향연

무엇이 우리를 도시로 이끄는가?

주거를 위한 기계? 정치를 위한 도구! 욕망의 매개물

농촌에서 도시로, 집에서 아파트로, 마을에서 단지로

서울은 보편적 도시도 규범적 도시도 아니다

물리적 공간의 변화를 넘어서는 사회생태적 영향

무엇이 우리를 도시로 이끄는가?

앞서 한국 도시화 50년의 거시적 현황을 '쏠림 현상'으로 규정하였으며, 이와 같은 현상의 원동력으로서 지난 50년 동안 끊임없이 지속되었던 정부 주도의 도시화와 대규모 물리적 개발에 대하여 살펴보았다. 이번 장에서는 한국 도시화 50년의 일상적 현황을 살펴본다. 이를 위해, 내 삶의 그리고 우리의 일상 속의 도시화로 들어가 보고자 한다.

나의 아버지와 어머니는 1946년생 동갑내기지만, 예전부터 내 어린 눈으로 보아도 여러모로 서로 다른 분들이었다. 어머니는 맏딸로서 교사인 외할아버지의 임지를 따라 충남의 여러 지역에서 사셨는데, 대전에서 고등학교를 졸업하고 대전의 조폐공사에서 오랫동안 일하셨다. 반면, 아버지는 농사일을 하시는 할아버지의 장자로서 고등학교 졸업 때까지 줄곧 충남 홍성에서 사셨고, 이후 대전에서 대학을 나오셨다. 그런 두 분이 1972년에 중매로 만나 결혼을 하고, 곧이어 물리 교사였던 아버지의 첫 부임지인 서산여고 근처에서 신혼 생활을 시작했다. 하지만 1974년에 할아버지의 건강이 악화되어 아버지는 홍성의 갈산중학교로 전근하게 되었고, 어머니는 아버지의 고향집에서 시집살이를 시작하게 되었다.

어머니는 지금도 가끔 대전에서 직장을 다니며 고급 양장점에서 옷을 맞춰 입던 본인이 8남매의 맏며느리가 되어 시골에서 생활할 때의 이야기를 하시곤 한다. 우리 가족 이외에도 집안에는 농사일을 하는 머슴이 두세 명 있었으며, 마을 전체에 전기가 들어오지 않아 밤이 무척 어두웠고, 아픈 할아버지를 위해 무당이 굿을 하는 일도 있었다고 한다. 당시 나의 이모들은 우리 어머니의 갑작스런 시골살이에 놀라서 아버지에게 어머니를 그만 고생시키라는 항의의 편지를 썼다고 한다. 1977년에 할아버지는 돌아가셨고, 아버지는 대전에 있는 학교로 전근을 하게 되어 어머니는 시맥과 농촌이라는 공간적 질곡을 떠나 다시 도시로 돌아오게 되었다. 이와 같은 가족 역사 때문에 우리 누나는 서산에서, 형은 홍성에서, 나는 대전에서 태어났다.

나는 개인적으로 농촌에 대해 목가적이며 낭만적인 정서를 가지고 있는 편이다. 그리고 농촌이 도시에 비해 인류역사상 오랜 시간 적응하며 진화했기 때문에, 도시보다 안정적이고 지속가능한 공간이라는 막연한 생각도 가지고 있다. 하지만, 이와 같은 편견과는 달리 우리의 언어 속에서 농촌과 관련된 단어들은 순박함과 평화로움을 넘어서 세련되지 못하고 어리숙한 이미지를 드러내는 경우가 많다. 농촌은 도시에 비해 발전되지 못한 지역으로, 농촌 사람들은 '촌놈', '촌뜨기', '시골뜨기' 등으로 비하되기도 한다.

농촌에 대한 이러한 이미지는 사실 우리 언어만의 일은 아니다. 영어에서도 농촌과 농촌 사람에 어원을 두고 있는 'boorish거친', 'churlish무례한', 'loutish투박한' 등과 같은 단어들은 긍정적이기보다는 다소 부정적인 뉘앙스를 전달한다. 그래서일까? 오늘날에는 강남의 값비싼 집에서나 살 듯한 연예인들이 농촌에 가서 잠을 자고 생활을 하는 TV 예능 프로그램이 많다. 어쩌면, 오늘날 우리에게 농촌은 TV 예능의 인기 촬영 장소인 섬, 오지, 정글 등처럼 문명이 닿지 않는 외딴 곳으로 여겨지고 있는지도 모르겠다. 과연 무엇이 우리를 지금껏 도시로 이끌었을까? 이제 한국 도시화 50년의 일상적 현황을 '밀도의 향연'으로 규정하고, 이를 이끈 시대적 이념, 정치적 의제, 개인적 욕망 등을 살펴보고자 한다.

주거를 위한 기계? 정치를 위한 도구! 욕망의 매개물

도시의 본질에 대해서는 여러 학문적 설명이 가능하겠지만, 도시는 본질적으로 주변 배후지에 대한 공간적 중심지라는 특성에 주목할 필요가 있다. 다시 말해, 도시는 정치 권력이, 경제적 부가, 사회적 영향력이, 문화적 혜택 등이 집적되어 있는 공간적 중심지다. 따라서 개인이 도시로 이동한다는 것은 주변에서 중심으로 편입되는 것을 의미하며, 사회가 도시를 개선한다는 것은 기존의 중심지를 강화하는 것을 의미하고, 국가가 도시를 개발한다는 것은 새로운 중심지를 형성한다는 것을 의미한다. 요약하자면 도시에 대한 어떠한 공간적 행위도 주변과 중심의 관계에 영향을 주는 정치적·경제적·사회적·문화적 행위라고 할 수 있다.

그럼에도 불구하고, 물리적 공간 계획의 분야에서 개별의 건축을 넘어서 집합적 도시의 문제와 이슈를 본격적으로 탐구하기 시작한 것은 산업혁명 이후의 일이다. 더욱이 오늘날과 같이 도시의 주체가 권력자로부터 일반 시민으로, 도시의 주요한 건축물이 궁궐이나 관공서 등으로부터 일반인을 위한 주택으로까지 확대되기 시작한 것은 서구에서조차 20세기 이후에야 가능해졌다. 이와 같은 변화의 선봉에 스위스 태생의 프랑스 건축가 르 코르뷔지에Le Courbusier(1887~1965)가 있었다. 그는 근대 건축의 형태와 공간을 제시한 대표적 거장으로서 기술의 발전과 사회적 요구 및 시대의 미학에 부응하지 못하는 기존의 건축과 도시를 질타하며, 새로운 건축과 도시를 제안하였다.

코르뷔지에의 이와 같은 생각은 자신의 저서 『건축을 향하여Vers une architecture, Toward an Architecture』(1923)에 집대성되어 있다. 그는 이 책에서 "집은 주거를 위한 기계다Une maison est une machine-a-habiter, A house is a machine for living in"라는 개념적 선언 하에, 돔-이노Dom-Ino의 새로운 구조, 철과 시멘트라는 새로운 재료, 빛과 볼륨 및 비례에 기반한 새로운 공간 등을 제안하였다. 나아가 그는 새로운 제안들에 대한 건축적 조합으로서 일반인을 위한 개별의 주택을 넘어서, 대량 생산 주택을 구체적으로 제시하였다. 결국 그는 다음과 같이 새로운 시대의 문제가 주택의 문제라고 생각하였으며, 이에 대한 건축적 해결책으로 대량 생산 주택을 제안하였던 것이다. "주택 문제는 그 시대의 문제다. 오늘날 사회의 안정 여부는 주택 문제에 좌우된다. 건축은 이 변혁의 시기에 첫 과업으로서 (기존의) 가치를 재조명하고 주택의 구축 요소들을 수정해야 한다. 대량 생산은 분석과 실험을 기반으로 한다. 규모가 큰 기업은 건설업을 떠맡아 주택을 구성하는 요소들을 대량 생산의 기반 위에 정립시켜야 한다. 대량 생산의 마음가짐을, 대량 생산 주택에서 살고자 하는 마음가짐을, 대량 생산 주택을 이해하고자 하는 마음가짐을 창조해야 한다."[1]

여기에서 한 발 더 나아가, 코르뷔지에는 역사적 도시 프랑스 파리의 한복판을 물리적으로 과감하게 탈바꿈하며, 사회적 개혁을 추구하는 급

건축을 향하여(1923)와 브아젱 계획(1925)
『건축을 향하여』는 르 코르뷔지에가 아메데 오장팡(Amedee Ozenfant, 1886~1966) 등과 함께 창간한 새로운 정신을 의미하는 『에스프리 누보(L'Esprit nouveau)』(1920~1925)에 실은 건축과 시대에 대한 논평을 모아 출간한 책이다.[2] '브아젱 계획'은 파리의 기존 도시 형태 및 조직과 극명한 대조를 이루는 직교형 기능적 도시계획과 건물의 밀도 계획을 특징으로 한다. 코르뷔지에는 도시의 위생과 건강을 위해, 고밀도의 마천루 건물군을 통해 채광과 환기에 유리한 넓은 오픈스페이스를 제공하고자 하였다. 하지만 그의 급진적 계획은 발표 당시 계획안의 비현실성과 함께 도시의 역사성을 이유로 많은 비판을 받았다.[3]

진적이며 미래지향적인 도시계획을 연이어 제안하였다. '인구 300만을 위한 우리 시대의 도시Ville Contemporaine de 3 millions d'habitants'(1922), '브아젱 계획Plan Voisin'(1925) 등으로 불리는 그의 도시계획은 파리의 옛 도시 조직을 완전하게 지우고, 도시의 기능과 합리성에 따라 고밀도의 마천루 중심지, 광활한 공원과 위계적 오픈스페이스, 원활한 직교형 교통 순환 체계 등을 제시하였다. 그의 이러한 혁명적 생각은 이후로도 지속되어 『빛나는 도시Ville Radieuse, The Radiant City』(1935)로 집대성되었으며, 향후 미국, 유럽, 아시아, 라틴 아메리카 등 전 세계에 영향을 주었다.

1920~30년대 코르뷔지에의 혁명적 꿈과 비전이 60여 년 흘러 1980~90년대 우리나라에서 실현되었다고 하면 과도한 이야기라고 할 수 있을까? 우리는 노태우 정부 시기(1988~1993)에 1기 신도시와 200만호 건설 계획을 통해 코르뷔지에의 '빛나는 도시'에 버금갈 정도의 아파트와 주택 도시를 단시간에 지었다. 흥미롭게도 코르뷔지에의 '빛나는 도시'와 한국의 '주택 도시' 양자 사이에 물리적 공간의 유사성에도 불구하고, 한국의 '주택 도시'에는 코르뷔지에와 같은 건축가가 아니라 정치가가 전면에 보인다는 큰 특징이 있다. 다시 말해, 우리에게 주택 도시는 정치적으로 의제화되어 있었으며, 중산층의 내 집 마련은 집권층의 정권 안정과 일맥상통하는 표현이었던 것이다. 그러기에 건축도, 공간도 중요하지 않은, 주택만이 가장 중요한 도시가 탄생하게 되었다.

주택 도시라는 어휘는 일견 오늘날 분당과 일산 등의 1기 신도시를 비판할 때 자주 사용하는 자족성이 부족한 '베드타운bed town'을 문자 그대로 연상하게 한다. 더욱 흥미롭게도 1기 신도시 이후에도 우리에게는 수많은 신도시가 지어졌으며, 오늘날에도 역시 지어지고 있다. 코르뷔지에의 시대적 이념이 옳았던 것일까? 아니면 한국은 여전히 주택이 중요한 정치적 의제인 것일까? 여기에서 한국의 주택은 코르뷔지에가 말하는 주택이라기보다는 우리의 경제면을 매일 장식하는 부동산으로 보아야 할 것이다. 주택이 아니 부동산이 여전히 강조되다보니, 건축과 도시 그리고 조경 등은 여전히 소외되고 있는 느낌을 지울 수 없다. 지금보다 훨씬 못살던 시대의 평범한 사람에게도 건축은 있었으며, 공간도 있었다. 오늘날 주택이 아니라, 건축을, 아니 공간을 소유하고 있는 사람은 과연 얼마나 있을까?

한국의 아파트와 주택 도시는 도시민들의 중산층을 향한 열망일 뿐만 아니라, 심지어 농촌에 사는 사람들에게조차도 이제는 강력한 욕망의 매개물로 등극한 것 같다. 2019년 2월에 방문한 충북 단양군 단양읍의 한복판에도 단아루 단양군립 공공임대 아파트의 입주가 한창 진행 중이었다. 충북 단양군은 2017년 기준으로 전체 인구가 28,411명으로, 앞서 살펴보았던 서울 송파 헬리오시티 아파트 단지의 예상 인구보다도 적은 도시이다. 충북 단양군은 인구 감소로 인해 현재 소멸 위험 지역으로 분

분당과 일산 주택 도시 신문 기사(1989)

정부는 1989년 4월에 성남과 고양의 900만 평 땅에 인구 72만 명을 수용하는 주택 도시 계획을 발표하였다. 이를 위해 4조 원을 투입하여 성남 분당에 10만5천 가구 그리고 고양 일산에 7만5천 가구를 건설하며, 강남 수준의 교육 환경을 제공하는 것을 목표로 하였다. 이미 30년 전의 계획임에도 불구하고, 2018년 12월과 2019년 5월에 국토교통부가 발표한 3기 신도시를 연상하게 한다. 흥미롭게도 분당과 일산은 주택 도시의 전부가 아니었다. 1기 신도시로서 분당과 일산 전에 안양 평촌, 군포 산본, 부천 중동은 이미 당시에 추진 중이었다. 더욱 놀라운 것은 1기 신도시의 아파트 건설 물량은 당시 서울 지역의 아파트 전체 42만 가구의 79.3%에 이르는 33만 가구에 해당하는 수치였다.

류되어 있는데, 최고 20층에 이르는 3개동의 아파트가 신축되어 입주를 준비하고 있었던 것이다. 더욱이 아파트 사업의 주체는 단양군이었으며, 고층 아파트의 신축 이유도 도시 쇠퇴에 대응한 주거 인구 유입이라고 명시하고 있었다.[4]

이제는 새롭게 느껴지지도 않을 정도로 농촌에는 많은 고층 아파트가 있으며, 도시 쇠퇴 농촌 지역조차도 여전히 고층 아파트가 지어지고 있다. 농민이 아파트에 살며, 농경지로 출근을 하고, 아파트 인근 도로나 주차장에서 고추를 말리고, 농기계를 수리하는 일은 어쩌면 우리에게 이제는 일상이 된 것 같다. 무엇이 농민들에게 아파트를 열망하게 하였을까? 건축가들은 왜 아파트를 대신할 농촌의 주거 유형을 제안하지 못하였을까? 30년 후에 재건축도 일어나지 않을 아파트는 앞으로 농촌에서 무엇이 될까? 사실 좋게 바라보자면, 우리에게 아파트만큼 민주적인 주거 유형도 없는 것 같다. 강남 한복판의 수십 억대 아파트와 시골 읍·면에 지어지는 아파트는 땅값과 내부 인테리어 스펙 등의 차이가 있겠지만, 실상 양자 사이에 건축물 평면·입면·단면상의 어떠한 차이도 발견하기 쉽지 않다. 아파트는 아파트다. 남향 위주의 배치, 외벽 페인트 마감, 철근콘크리트 벽식 구조, 여유로움과 화려함을 찾기 힘든 화장실 등 온갖 스마트 기술을 과시하지만 실제로는 결국 동일하다. 심지어 나도 건축가로서 도

단양군 단양읍의 아파트 풍경(2019)
충북 단양군 단양읍에는 농촌을 넘어 산촌의 풍경 속에서도 아파트가 심심찮게 관찰된다. 인구 3만 미만의 소도시이자 인구 소멸 지역임에도 아랑곳 없이 단양군에는 새로운 아파트가 여전히 건설되고 있다. 사실 나는 여러 다른 나라를 여행하며, 단양군과 같은 소도시에서 고밀도의 아파트를 본 적이 없으며, 아파트가 지역의 랜드마크로 인식되는 경우도 없었다.

시와 농촌에 거의 동일한 아파트를 설계한 경험도 있다. 이와 같은 유사성 때문일까? 아파트와 주택 도시는 우리 모두에게 오늘날 욕망의 매개물이 되었다.

농촌에서 도시로, 집에서 아파트로, 마을에서 단지로

한국 도시화의 일상적 현황을 한 마디로 요약하자면 '밀도의 향연'이라고 압축할 수 있다. 다시 말해, 한국 도시화의 과정에서 사람들은 농촌에서 도시로 이동하였으며, 정주 공간은 단독주택이 모인 마을에서 아파트 단지로 급격하게 변화하였다. 미국 유학 중에 미국의 도시사가 미국 서부 개척의 역사를 중심으로 기술되어 있는 것에 흥미를 느낀 적이 있다.[5] 그때 한국의 도시사 또는 한국 도시화의 역사를 어떻게 기술할 수 있을까를 고민하게 되었다. 한국의 도시화는 정부 주도의 도시화와 대규모 물리적 개발이 원동력이 되었으며, 이로 인한 인구 이동과 밀도 상승을 중심으로 기술할 필요가 있다. 밀도 상승은 인구 밀도와 건물 밀도 모두의 상승을 말하며, 도시의 발생과 성장으로 인한 수평적 밀도 상승과 아파트의 점진적 고층화로 인한 수직적 밀도 상승이 이루어졌다.

이에 대해 보다 구체적으로 살펴보면, 인구 측면에서 1965년까지는 농

표6. 주택 종류별 총 주택 수 변화, 1975~2015

주택의 종류	1975	1985	1995	2005	2015	1975~2015
단독주택	4,381,772	4,719,464	4,337,105	3,984,954	3,712,419	84.72%
아파트	89,248	821,606	3,454,508	6,626,957	9,234,729	10347.27%
연립주택	164,718	349,985	734,172	520,312	430,864	261.58%
다세대주택	–	–	336,356	1,164,251	1,732,121	–
비거주용 건물 내 주택	98,431	213,155	342,788	198,353	187,954	190.95%
총계	4,734,169	6,104,210	9,204,929	12,494,827	15,298,087	323.14%

농촌 인구와 도시 인구의 변화(1975~2015)

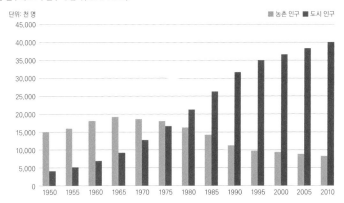

총 주택 수 변화(1975~2015)

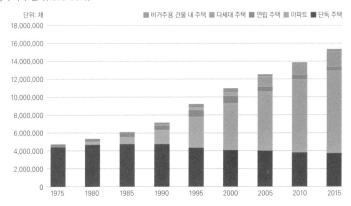

농촌 인구 및 도시 인구 변화와 총 주택 수 변화, 1975~2015
농촌 사회에서 도시 사회로의 전환기는 1980년대를 전후로, 단독주택 사회에서 아파트 사회로의 전환기는 2000년대를 전후로 일어났다. 두 전환기 사이에 약 20여 년의 격차가 있으며, 이와 같은 흐름을 바꿀 어떠한 변화 요소도 오늘날 감지되고 있지 않다.

촌 인구와 도시 인구가 함께 증가하다가, 이후로 농촌 인구는 감소하기 시작하며, 1980년을 전후로 도시 인구가 농촌 인구를 역전하기 시작하고, 이후 도시와 농촌 사이의 인구 격차가 확대되어 한국은 본격적인 도시 사회로 변모하게 된다. 한편 주택 유형 측면에서 1990년까지는 단독

주택이 증가하다가 이후 감소를 시작하며, 2000년을 전후로 아파트가 단독주택을 역전하기 시작하고, 이후 아파트는 명실상부한 최대 주택 유형으로 등극하게 된다. 아파트는 1975년의 89,000여 채에서 2015년의 9,234,000여 채로 지난 40년 동안 무려 100배 이상 증가하였다. 이와 같은 인구와 주택 유형의 흐름을 바꿀 어떠한 변화 요소도 오늘날 감지되고 있지 않기 때문에, 앞으로 이와 같은 흐름은 더욱 더 공고화되거나 심지어 가속화될 수도 있다.

서울은 보편적 도시도 규범적 도시도 아니다

한국 도시화 50년의 과정에서 도시, 아파트, 단지로의 절대적 전환과 함께, 서울이라는 절대적 지역이 형성된 것 역시 놀랄 만한 일이다. 사실, 서울은 한국의 다른 어떤 도시와도 비교가 불가능한 인구 규모와 경제적 자원 그리고 사회적 평판을 가지고 있다. 서울은 과연 다른 도시들과 얼마나 다를까? 2017년 기준 서울에는 25개 자치구가 있으며, 평균 인구가 389,000여 명에 이른다. 앞서 설명한 서울 송파 헬리오시티 아파트 단지는 예상 인구를 33,000명 내외로 보는데, 이에 미치지 못하는 전국의 시·군·구가 전체 250개 중에서 무려 23개에 이를 정도다. 반면, 전국의 시와 군의 평균 인구는 각각 238,000여 명 그리고 46,000여 명에 불

표7. 시·군·구 행정구역 단위의 수, 평균 인구 및 총인구, 2017

지역	행정 구역	행정 구역 수	평균 인구	총인구
서울	구	25	389,675	9,741,871
전국	구	106	300,924	31,897,937
	시	67	238,110	15,953,383
	군	77	46,379	3,571,187
	합계	250	205,690	51,422,507

과하다. 한편, 지자체의 재정 자립도를 보면, 비교 자체가 무의미할 정도다. 서울의 재정자립도는 2018년 기준 84.3%로 압도적으로 높은 수치이며, 이어서 세종 69.21%, 경기 화성 64.21%, 경기 용인 62.07% 등이 뒤따르고 있다.[6]

그럼에도 불구하고, 서울은 종종 마치 보편적 도시인 것처럼, 다른 도시들에게 규범적 도시인 것처럼 인식될 때가 있다. 이를테면, 서울에서 청계천 사업을 하면, 서울로 7017을 만들면, 도시재생과 스마트시티를 하면, 서울 이외의 다른 도시들도 동일한 사업을 해야 한다고 생각한다.[7] 이에 따라, 서울의 도시계획과 개발 사업을 벤치마킹의 샘플로 무작정 모방을 하면 문제가 일어나게 된다.[8] 앞으로의 시대는 서울이 아니라, 각각의 도시에 맞는 맞춤형 아이디어와 방법론이 나와야 하며, 이것이 다양성과 지속가능성을 확보해야 서울이라는 절대적 위상이 약화될 수 있을 것이다.

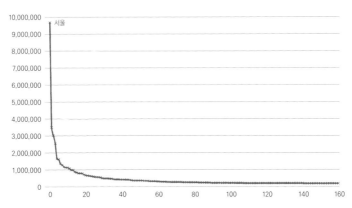

시·군 인구수 변화
전국의 시·군을 인구수에 따라서 나열하고, 이를 순서대로 그래프 상에 위치해 보면, 서울이 얼마나 특이한 지역인지 알 수 있게 된다. 더욱이 대도시 중심의 도시계획이 거의 모든 시·군에 적합하지 않으며, 때로는 소외시키는 위험한 계획이 될 수 있음을 깨닫게 한다.

물리적 공간의 변화를 넘어서는 사회생태적 영향

앞서 이야기한 한국 도시화 50년의 '끊임없는 전환기와 일관된 방향성' 은 리질리언스 관점에서 해석하면, '체제 변환Regime Shift'이 끊임없이 일 관되게 일어났다고 해석할 수 있다. 체제 변환은 "시스템의 구조와 기능 의 측면에서 대규모의, 갑작스럽고, 지속적인 전환"을 말한다.[9] 다시 말 해, 체제 변환은 시스템이 기존과는 전혀 다른 상태에 도달하는 것을 의 미하며, 이로 인해 기존의 상태로 쉽게 돌아가지 않는 불가역적인 특징을 보인다.

한국의 도시화 50년은 물리적 공간의 체제 변환만을 의미하지 않는 다. 물리적 공간에는 사람이 거주하기 때문에 사회시스템에 영향을 주 고, 물리적 공간의 개발과 유지는 자연의 자원과 관련되어 있기 때문에 생태 시스템에도 영향을 주게 된다. 더욱이 한국의 도시화 50년은 속도 와 규모의 특이점뿐만 아니라 다양성이 결여된 절대적 전환 등으로 인해 더욱 더 사회생태 시스템에 영향을 미치게 되었다. 이에 대해, 한국의 도 시화 50년의 물리적 변화와 사회생태적 영향을 앞으로 구체적 사례를 중심으로 살펴보고자 한다.

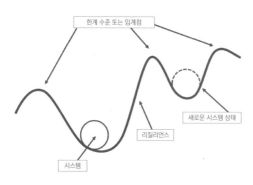

체제 변환(Regime Shift) 개념도
리질리언스는 외부의 충격과 변화에 시스템이 본래의 구조와 기능 및 정 체성을 유지하는 능력이다. 체제 변 환은 시스템이 기존과는 전혀 다른 상태에 도달하는 것을 의미하므로, 체제 변환이 일어나면, 시스템의 리 질리언스는 변화하게 된다. 한국의 도시화 50년은 체제 변환을 끊임없 이 일관되게 동반하였으므로, 시스 템의 한계 수준 또는 임계점 역시 지 속적으로 달라졌을 것이다.

1. 르 코르뷔지에, 이관석 역, 『건축을 향하여』, 동녘, 2002, p.227.

2. Le Corbusier, *Vers une architecture* (Nouv. éd. revue et augmentée. ed., Collection de "L'Esprit nouveau), Paris: G. Crès et Cie., 1923.

3. "Plan Voisin, Paris, France, 1925", Foundation Le Corbusier, 2024년 12월 1일 접속(http://www.fondationlecorbusier.fr/corbuweb/morpheus.aspx?sysId=13&IrisObjectId=6159&sysLanguage=en-en&itemPos=2&itemCount=2&sysParentName=Home&sysParentId=65)

4. 강신욱, "단양군립임대아파트 조건 완화 2차 청약", 『중앙일보』, 2018년 6월 2일.

5. Howard P. Chudacoff and Judith E. Smith, *The Evolution of American Urban Society*. NJ: Pearson/Prentice Hall, 2005.

6. "우리지역 재정자립도는?", 지방재정365, 2024년 12월 1일 접속(http://lofin.mois.go.kr/websquare/websquare.jsp?w2xPath=/ui/portal/theme/vslz/sd006_th005_01.xml)

7. 김기태, "지자체들 묻지마식 '청계천 따라하기'", 『한겨레』, 2008년 6월 27일.

8. 임명수·최모란·김선미, "지자체·기업 '묻지마 개발' 참사", 『중앙일보』, 2017년 5월 27일.

9. Biggs, R., T. Blenckner, C. Folke, L. Gordon, A. Norstrom, M. Nystrom, and G.D. Peterson, "Regime Shifts" In A. Hastings & L. Gross (Eds), *Encyclopedia of Theoretical Ecology*, NJ: University of California Press, 2012, pp.609~624.

04.

한국 도시화의
거시적 메커니즘:
계획 주체와 공간 지향

한국의 도시화 50년은 어떻게 작동하였는가?

계획 국가의 형성과 플레이어의 구성

청와대에서 동사무소까지, 주민에서 대통령까지

선택과 집중의 도시화에는 좌우가 없다

새로움의 이데올로기, 기술 진보의 최면, 전 세계의 벤치마킹

한국의 도시화 50년은 어떻게 작동하였는가?

앞서 한국 도시화 50년의 거시적 현황과 일상적 현황을 각각 '쏠림 현상'과 '밀도의 향연'으로 규정하였으며, 이와 같은 현상의 원동력으로서 지난 50년 동안 끊임없이 지속되었던 정부 주도의 도시화와 대규모 물리적 개발에 대해 살펴보았다. 이번 장에서는 한국의 도시화 50년을 작동하게 한 거시적 메커니즘을 '계획 주체와 공간 지향'을 중심으로 구체적으로 살펴본다. 이에 앞서, 나의 개인적인 일화를 통해 한국 도시화의 단적인 특성에 대해 언급하며 시작하고자 한다.

2011년 미국 시애틀에 있는 워싱턴 대학교의 도시설계 및 계획학과에 박사 유학을 갔을 때의 일이다. 당시 나는 세계적으로 저명한 도시설계 학자인 앤 무동Anne V. Moudon 교수의 도시형태론 수업을 듣게 되었다. 무동 교수는 어느 날 한국의 청계천 복원 사업 사례를 소개하며, 수업 말미에 인상적인 말씀을 남겼다. "서울 사람과 시애틀 사람의 유전자를 섞어야 한다. 서울의 청계천 복원 사업은 불과 27개월 만에 완료하였는데, 시애틀의 알래스카 고가도로 철거 사업은 10여 년 이상 지지부진하다." 당시 이미 칠순에 가까웠던 무동 교수는 교수 재직 기간 동안 여러 한국 학생들을 지도하였으며, 미국과 유럽뿐만 아니라 아시아의 여러 도시 개발에 대해서도 상세히 알고 있었다. 그런 그가 서울의 도시 개발을 상당히 인상적으로 다루고, 더욱이 이에 대해 일정 부분 긍정하는 것을 보며, 그때까지 너무나 익숙하기만 했던 우리의 도시를 다시금 바라본 적이 있다. 이와 함께 시애틀의 도시 개발에 대해서도 서울과의 비교적 관점에서 관심을 가지게 되었다.[1]

시애틀 알래스카 고가도로 철거 사업

시애틀 알래스카 고가도로 철거 사업은 우리의 청계천 복원 사업과 여러모로 유사하다. 두 사업 모두 차량 교통을 중심으로 한 근대적 도시 개발의 전형에서 벗어나 환경친화적인 도심 워터프런트의 해법을 제시하였다. 하지만 알래스카 고가 사업은 대안 선정과 시공 과정에 10여 년 이상의 시간이 지금까지 소요되고 있는 것에 비해, 청계천 복원 사업은 불과 27개월 만에 동일한 과정을 일사천리로 완료하였다.[2]

계획 국가의 형성과 플레이어의 구성

한국의 정부 주도 도시화와 대규모 물리적 개발은 1960년대 계획 국가의 형성과 함께 본격화되었다. 당시 계획의 출발은 경제 계획이었으며, 계획의 목표는 1차적으로 재건에 있었다. 일제 강점기(1910~1945)와 미군정(1945~1948) 그리고 한국 전쟁(1950~1953)을 겪으면서 경제 부흥과 재건은 1950년대 한국이 당면한 핵심 과제였다. 실제로 정부 수립 이후부터 1957년까지 정부 기획처나 소관 부처에서는 많은 경제 부흥 계획이 작성되었으며, 1960년에 이르러서야 비로소 경제 재건이 아닌 경제 개발을 목표로 하는 경제개발3개년계획(1960~1962)이 국무회의에 제출되었다.[3] 하지만, 1960년 4.19혁명과 1961년 5·16군사정변으로 인해, 경제개발계획은 연이어 늦추어지게 되었으며, 마침내 1962년에 이르러서야 군부에 의해 경제개발5개년계획(1962~1966)이 본격적으로 시행되었다.

이를 통해, 한국은 중앙정부 중심으로 국가 발전 계획을 제시하고 행동하는 권위적 토대가 마련되었으며, 한국 사람들은 경제 개발을 통한 사회 변혁을 추구하는 집단적 의식을 공유하게 되었다. 다시 말해, 1960년대 한국은 중앙정부 중심, 경제 관료 중심의 권위적 계획 기구Planning Agency가 사회의 총체적 변화를 주도하게 되었다. 이에 따라, 당시 중앙정부의 지방정부에 대한 인사, 예산, 행정 등에 대한 영향력은 지금의 선출을 기반으로 하는 지방자치제에서는 상상하기 힘들 정도로 절대적이었다. 더욱이 당시의 계획기구가 연이어 발표하는 국가 주도 발전 계획은 미국에게 소련의 스탈린주의 경제 개발을 연상하게 하여 부정적 우려를 초래하기도 하였다.[4]

그럼에도 불구하고, 한국의 계획 기구와 공무원 집단은 관료제와 순환 보직을 기반으로 하였기 때문에, 이들을 지탱하기 위한 전문가 집단으로서의 대학 교수의 역할이 계획 국가 초기부터 상당히 중요하였다. 이후 한국의 경제 개발 및 사회 발전이 더욱 진전되고 고도화되면서 중앙정부의 국정 연구기관과 지방정부의 시정 연구기관들이 점차적으로 설립되었으며, 오늘날에는 다른 선진 국가에 손색없을 만큼 풍부하고 다층적인 정책 전문 연구기관이 설립 및 운영되게 되었다. 이와 같은 정책 전문 연구기관은 대학을 중심으로 하는 학술 연구기관과는 달리 설립 주체의 의도 및 지향점을 제도, 정책, 사업, 사례 등을 통해 시시각각 반영하고 현실화하는 계획의 싱크탱크Think Tank이자 계획 기구에 준하는 역할까지 현재 감당하고 있다.

표8. 한국의 도시화 관련 정책 전문 연구기관

설립 주체		설립 기관(설립 당시 명칭, 설립 년도)
중앙정부[5]		국토연구원(국토개발연구원, 1978) 건축공간연구원(건축도시공간연구소, 2007)
지방정부[6]	광역 지방자치단체 (시도 단위)	서울연구원(서울시정개발연구원, 1992) 부산연구원(동남개발연구원/부산발전연구원, 1992) 인천연구원(인천발전연구원, 1995) 대구정책연구원(2023) 광주전남연구원(전남발전연구원, 1991) 대전세종연구원(대전발전연구원, 2001) 울산연구원(울산발전연구원, 2000) 경기연구원(경기개발연구원, 1994) 강원연구원(강원발전연구원, 1993) 충남연구원(충남발전연구원, 1995) 충북연구원(충북발전연구원, 1990) 전북연구원(전북발전연구원, 2005) 경북연구원(대구경북연구원/대구권경제사회발전연구원, 1991) 경남연구원(경남발전연구원/경남개발연구원, 1992) 제주연구원(제주발전연구원, 1997)
	기초 지방자치단체 (인구 100만 이상)	수원시정연구원(2013) 창원시정연구원(2015) 고양시정연구원(2017) 용인시정연구원(2019)
공기업		LH토지주택연구원 (주택문제연구소/토지연구원, 1962) 외 다수
재단법인		주택산업연구원(1994) 한국부동산연구원(감정평가연구원, 1997) 외 다수

청와대에서 동사무소까지, 주민에서 대통령까지

한국의 긴밀한 행정적 네트워크는 정부 주도의 도시화와 대규모 물리적 개발에 직간접적으로 기여하였다. 한국은 중앙정부 중심의 계획 국가로서 권력의 정점인 청와대(대통령실)로부터 가장 작은 행정조직 기관인 동사무소(주민센터 또는 행정복지센터)에 이르기까지 강력한 하향식 구조가 구축되어 있다. 특히 이 중에서도 동사무소는 해외에서는 거의 찾아보기 힘든 독특한 행정조직이다. 한국은 작게는 수천 명에서, 많게는 수만 명에 이르는 읍·면·동 단위의 말단까지 행정직 공무원을 파견한다. 이것은 주민자치적으로 해결할 수 있는 커뮤니티 문제까지 국가 차원에서 강력한 행정력을 가지고 적극적으로 개입할 수 있다는 것을 의미한다. 흥미롭게도 오늘날 한국은 각 집에서 거의 모든 행정 문서의 출력이 가능한 세계 최고 수준의 전자 정부를 자랑하고 있음에도 불구하고, 아직도 동사무소가 여전히 유지되는 행정의 나라다.

이에 더하여 한국의 도시화 50년은 강력한 하향식 구조뿐만 아니라, 빈번하고 에너지 넘치는 상향식의 흐름도 보여준다. 이를테면 1970년대 새마을운동은 각 마을마다 새마을 지도자의 역량과 헌신을 크게 격려하였으며, 우수 지도자와 우수 사례 등은 국가적으로 공유되고 정책에 반영되었다. 또한 1980년대 아파트단지를 중심으로 하였던 반상회 역시 관제적 성격으로 인해 여러 이론의 여지가 있으나, 실제 주민의 소통과 숙의가 상향식 흐름으로 이어질 수 있었음은 분명하다.[7] 한편 1995년 지방자치제도의 본격적 시작 이후에는 주민의 지방자치단체장에 대한 선거로 인해 상향식 흐름은 거스를 수 없게 되었다. 더욱이 2017년 촛불집회 이후에는 직접 민주주의에 대한 국민적 요구와 참여가 빗발치고 있어, 국민 신문고[8] 뿐만 아니라 대통령실 국민제안[9] 등을 통해 주민에서 대통령에 이르는 상향식 흐름은 더욱 공고해지고 있다. 오히려 오늘날에는 커뮤니티나 지역의 문제를 커뮤니티나 지역 내부에서 단계적으로 해결하기보다는 국가적으로 한꺼번에 해결하려는 경향마저 나타나고 있는 실정이다.

요약하자면, 한국의 행정적 네트워크는 하향식이든 상향식이든 상관없이, 네트워크 자체가 긴밀하고 강력하다는 것에 주목할 필요가 있다. 이것은 개개인이 독립적으로 분산되어 존재한다기보다는 집합적으로 응집하여 존재한다는 것을 의미한다. 이로 인해 한국의 도시화는 마치 전체주의에서처럼 일시에 유사하거나 동일한 방향으로 작동하여 움직일 수 있었다. 다시 말해, 정부 주도의 계획 방향이나 일정 못지않게, 행정적 네트워크 자체가 한국의 빠르고 단조로운 도시화를 가능하게 하였던 것이다.

선택과 집중의 도시화에는 좌우가 없다

한국 도시화 50년의 공간 지향은 선택과 집중에 있었다. 중앙정부 중심의 계획 국가 형성과 긴밀한 행정적 네트워크는 선택과 집중의 도시화를 일으키고, 이를 다시 끊임없이 고도화하려는 노력에 집중되어 있었다. 흥미롭게도 그리고 더욱 놀랍게도 선택과 집중의 도시화에는 지난 50여 년 동안 보수와 진보의 정치적 차이도, 도시와 농촌의 지역적 차이도 없었다. 국가 차원에서 도시화 자체에 대한 특별한 의문이나 반발의 사례를 발견하기는 쉽지 않다. 심지어, 진보 정권에서조차도 수도권 중심의 도시화에 대한 반발로 지방의 도시화를 추구하였으며, 도시 개발에 대한 대립적 개념으로서의 도시재생조차도 '5년간, 500개의 대상지에, 50조 원을 투자하여 도시화'하는 것을 목표로 하였다. 마찬가지로 앞서 언급한 단아루 단양군립 공공임대 아파트는 도시 쇠퇴에 대응한 주거 인구 유입을 목표로 인구 소멸 위험 지역에 고밀도의 아파트를 건설하고자 하였다.

결과적으로, 이와 같은 선택과 집중의 도시화는 국토 전체의 동질화, 공간적 다양성의 상실로 이어지게 마련이다. 이뿐만 아니라 중앙정부 및 지방정부를 비롯한 공공이 발주하는 많은 건조 환경(건축, 도시, 조경 등) 관련 프로젝트들이 상상을 초월할 정도로 용역 기간이 짧으며, 충분하지 못한 용역 비용을 제시하는 편이다. 더욱이, 지방자치제도 하에서 지방자치단체장은 자신의 임기 내에 업적을 극대화하려고 하기 때문에, 가시적이고 현시적인 물리적 환경에 집중하고 업무 자체를 졸속으로 추진하려는 경향마저 보이기도 한다. 결국 국토 전반에 대한 균형적 발전과 지속가능한 건조 환경의 실현이 너무나 중요함에도 불구하고, 그 누가 이에 대한 책임과 의무를 지속적으로 담당하고 있는지를 찾기 어려운 실정이다.

표9. 중앙정부의 '새로운 도시 만들기' 시대별 주요 정책 및 대상과 정권 성향

시대	주요 정책	주요 대상	정권 성향
1970년대	새마을운동	전국의 모든 농촌 마을: 33,000여 개 이상	보수
1980~1990년대	1기 신도시와 200만 호 건설 계획	1기 신도시: 수도권 5대 신도시 (분당, 일산, 중동, 평촌, 산본) 전국적으로 주택 200만 호 건설	보수
2000년대	행정중심복합도시와 혁신도시	180개 공공기관 지방 이전 행정중심복합도시: 충남(세종) 혁신도시: 대략 시도마다 1개씩 10곳 (강원, 충북, 전북, 광주·전남, 대구, 경북, 울산, 부산, 경남, 제주)	진보
2010년대	4대강 자전거길과 코리아 둘레길	4대강 자전거길: 4대강 주변 1,853km 코리아 둘레길: 한반도 외곽 4,500km	보수
2020년대	도시재생과 스마트시티	도시재생: 5년간 총 50조 원을 전국 500여곳에 투자 스마트시티: 국가시범도시(세종, 부산), 10년간 민간 투자 포함 총 10조 원 투자	진보

그럼에도 불구하고, 토건 국가 일본, 군산 복합체 미국 등의 수식어에 대응할 만한 계획 국가 한국은 정부의 힘이 강하다는 것을 의미하며, 정부의 힘이 강하다는 것은 시장에 대응하여 공공성을 극대화할 수 있다는 것을 시사한다. 하지만 계획 국가 한국은 이와 같은 기회와 함께 동전의 다른 한 면처럼 정부의 실정으로 인한 자원 손실 및 중복 투자 그리고 다양성 상실 등의 여러 문제를 초래할 가능성도 배제하기 어려운 위험 요소가 있다.

새로움의 이데올로기, 기술 진보의 최면, 전 세계의 벤치마킹

한국의 선택과 집중의 도시화에는 빈번하게 발견되는 독특한 메커니즘 특성들이 있으며, 이를 정리하면 다음과 같다. 첫째, 새로움의 이데올로기가 지난 50여 년간 한국의 도시화를 지배하였다. 한국의 도시화는 '새

새마을노래 악보
새마을노래는 1972년 국가 최고 권력자에 의해 만들어졌으나, 1970~1980년대에 농촌 근대화를 지향하는 건전 가요처럼 빈번하게 그리고 공개적으로 연주되고 유통되었다. 새마을노래 자체는 2/4박자의 단조로운 가락으로 부르기 쉬울 뿐만 아니라, 단순하며 기억하기 쉬운 특징이 있다.[10]

공간의 탄생, 1970~2022

로운 도시 만들기'의 연속이었다. 이를테면 '새로운 도시 만들기'의 효시 격이라 할 수 있는 1970년대 새마을운동은 명칭 그 자체가 "새+마을"의 합성어로서, 영어로도 "New Village"로 번역되었다. 1972년 당시 국가 최고 권력자인 박정희 전 대통령이 공식적으로 작시와 작곡을 하였던 새 마을노래는 새마을운동이 지향하였던 가치를 분명하게 보여준다. 새마 을노래는 농촌 근대화를 지향하면서 과거에 대한 어떠한 미련도, 어떠한 향수도 없이 유독 새로움에 대해 강조하고 있다. 새마을노래의 가사 중 에 있는 "새아침", "새마을", "새조국" 등은 과거와 결별한 새로운 세상을 향한 이데올로기를 강조한다. 이뿐만이 아니다. 오래된 것에 대하여 새로 운 것의 우위적 이데올로기는 이후로도 한국의 도시화에서 지속적으로 발견된다. 이를테면 1980~1990년대의 "신도시", 2000년대의 "혁신도 시" 등 새로움을 전면에 표방하는 도시 만들기 사례는 한국의 도시화에 서 어렵지 않게 발견할 수 있다.

둘째, 새로움의 이데올로기를 현실에 구현하는 것은 단연코 기술이었 다. 이와 같은 기술 진보에 대한 최면은 지난 50여 년 동안 한국의 도시 화에서 지속되었다. 국토가 좁고, 부존 자원이 적으며, 인구가 많은 국가 로서의 본질적 한계를 극복하기 위한 과학 기술에 대한 강조는 한국의 도시화 50여 년에도 여실히 발견된다. 이를테면 '스마트 홈Smart Home', '인텔리전트 빌딩Intelligent Building', '유비쿼터스 시티Ubiquitous City' 등 영어와 함께 쓰이는 기술적 진보의 표현들은 한국의 도시화 자체에 대한 긍정과 미래 지향적 비전을 위한 은유적 수사라고 할 수 있다. 심지어 오 늘날에도 국민 대다수에게 '4차 산업혁명', '스마트시티Smart City' 등의 신 조어들은 선전 및 선동의 용어처럼 반복되어 활용되고 있다. 안타깝게도 국민 대다수뿐만 아니라 전문가들조차도 이와 같은 용어들의 실제적 의

새마을운동의 인력 동원(1970년대)과 서울로봇과학관의 로봇 시공(2020)
1970년대 새마을운동은 전 세계적인 석유 파동의 경제적인 위기와 국가 경제의 취약함 속에서 수많은 노동력이 무상으로 동원되었다. 반면 2019년 설계공모에서 선정된 서울 창동의 로봇과학관은 로봇과 드론을 활용하여 실제 시공을 진행하겠다는 계획을 제시하였다. 두 사진은 지난 50여 년 동안의 노동 집약에서 기술 집약 사회로의 극명한 전이를 보여준다.[11]

미는 불분명한 채로, 국가의 주요한 정책적 기조로 확대 재생산되고 있다.

셋째, 전 세계의 벤치마킹 역시 한국의 도시화 정책과 사업의 사례에서 빈번하게 발견된다. 이에 대해, 국가정책연구포털National Knowledge Information System, NKIS의 연구 보고서 사례를 활용하여 설명하고자 한다. 국가정책연구포털은 국무총리실 산하 경제·인문사회연구회 소속 총 26개의 정부출연연구기관의 연구 성과물을 검색하여 활용할 수 있는 온라인 시스템으로서, 각 기관이 지금까지 발간한 국가 정책 연구의 모든 주요한 문건이 저장되어 있다.[12] 국가정책연구포털에서 2019년 3월 10일을 기준으로 "해외"와 "해외사례"라는 검색어를 통해 연구 보고서 발간 건수를 찾아보면 각각 5,159건, 2,967건이 있었으며, 이는 다시 전체

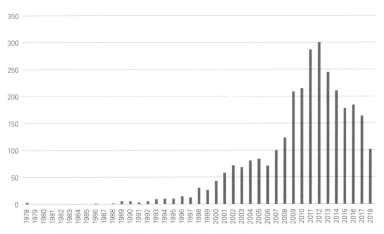

NKIS 해외 사례 관련 연구 보고서의 연도별 발간 건수 변화, 1978~2018
국가정책연구포털(NKIS)에 있는 해외 사례 관련 연구 보고서의 연도별 발간 건수를 살펴보면, 1990년대까지만 해도 연간 30건에도 미치지 못하는 미미한 숫자였으나, 2000년대에 들어서면서 급성장하여 100건을 상회하는 양상을 보여준다. 이후 2012년에 이르러 최대치인 301건에 도달한 이후 감소하기 시작하여 현재는 2000년대 중반 수준을 보이고 있다.

표10. NKIS 해외 및 해외 사례 관련 연구 보고서의 발간 건수와 비율

구분	연구 보고서 발간 건수	연구 보고서 발간 비율(관련 건수/전체 건수)
전체	30,706	100.00%
해외 관련	5,159	16.80%
해외 사례 관련	2,967	9.66%

연구 보고서에 대한 발간 비율로는 각각 16.80%와 9.66%에 이르고 있음을 알 수 있었다. 사실, 한국의 국가 정책 연구 보고서의 20%에 가까운 수치가 해외 사례를 중심적으로 다루고 있다는 것은 놀라운 것이다. 이와 함께 보다 구체적으로 "해외 사례" 관련 연구 보고서의 연도별 발간 건수를 살펴보면, 1978년 이래 지속적으로 발간 건수가 증가하다가, 2000년대 후반에서 2010년대 초반에 해외 사례 관련 연구 보고서의 발간 건수가 최대치에 도달하는 것을 알 수 있다. 이후 다시금 해외 사례 관련 연구 보고서의 발간 건수는 조정되는 경향이 있지만, 아직도 여전히 2000년대 중반의 발간 건수 수치를 보이고 있다. 실제로 많은 국가 정책 연구 보고서는 전 세계의 제도, 정책, 사업, 사례 등을 열거하며, 정책의 직접적 벤치마킹이나 정책적 시사점을 빈번하게 도출하고 있다.

1. 김충호, "시애틀 알래스카 고가도로 철거와 지하 대체 터널 건설", 『건축과 도시공간』,15, 2014, pp.48~52.
2. 김충호, "미국 도심 재개발의 속도: 시애틀의 교훈", 『건축사』 551, 2015, pp.26~27.
3. 최상오, "1950년대 계획기구의 설립과 개편: 조직 및 기능 변화를 중심으로", 『경제사학』 45, 2008, pp.179~208.
4. 이종석, "한국경제 반세기: 경제개발계획 시동", 『이데일리』 2005년 5월 5일.
5. 중앙정부의 도시화 관련 정책 전문 연구기관은 국무총리실 산하 경제·인문사회연구회 소속으로서 "정부출연연구기관 등의 설립·운영 및 육성에 관한 법률(약칭: 정부출연기관법)"에 법적 근거를 두고 있다.
6. 지방정부의 도시화 관련 정책 전문 연구기관은 행정안전부 소관 하에 "지방자치단체출연 연구원의 설립 및 운영에 관한 법률(약칭: 지방연구원법)"에 법적 근거를 두고 있다.
7. "반상회", 행정안전부 국가기록원, 2024년 12월 1일 접속(http://theme.archives.go.kr/next/koreaOfRecord/Neighborhood.do)
8. 국민 신문고 홈페이지(https://www.epeople.go.kr)
9. 대통령실 국민제안 홈페이지(https://withpeople.president.go.kr/)
10. "새마을노래", 새마을운동중앙회, 2024년 12월 1일 접속(https://www.saemaul.or.kr/home/?mode=ci_new)
11. "새마을운동", 자유광장, 2024년 12월 1일 접속(https://fkisocial.tistory.com/396) / "Robot Science Museum in Seoul", dezeen, 2024년 12월 1일 접속(https://www.dezeen.com/2019/02/20/robot-science-museum-melike-altinisik-architects-maa-seoul/)
12. 국가정책연구포털 홈페이지(https://www.nkis.re.kr)

05.

한국 도시화의
일상적 메커니즘:
계획 제도와 일상적 소품

인위적인, 너무나 인위적인, 하지만 우리의 일상이 되어버린 도시화

도시화 메커니즘의 계획 제도: 법, 제도, 정책, 국정과제, 슬로건

도시화 메커니즘의 정부 사업: 시범 사업, 모범 사업, 공모 사업

도시화 메커니즘의 행정 소품: 지시서, 차트, 보고 자료

한국 도시화 50년의 리질리언스 해석

인위적인, 너무나 인위적인,
하지만 우리의 일상이 되어버린 도시화

인간은 온전한 도시를 만들 수 있는가? 영국의 초기 낭만주의 시인이자 찬송가 작사가로 유명한 윌리엄 카우퍼William Cowper(1731~1800)는 "신은 농촌을 만들고, 인간은 도시를 만들었다God made the country and man made the town"라는 유명한 시구를 통해, 농촌country과 도시town의 창조 주체를 신과 인간으로 대비하며 자연에 대한 깊은 경외를 표현하였다.[1] 흥미롭게도 한국의 도시화 50년은 소도시town 수준을 훨씬 뛰어 넘는 수많은 도시city뿐만 아니라 대한민국 인구 절반이 거주하는 초거대 도시megalopolis를 만들어냈다. 이번 장에서는 한국 도시화 50년의 현황 및 메커니즘에 대한 마무리로서 한국 도시화의 일상적 메커니즘을 살펴본다.

나는 공교롭게도 2000년대 초반 부동산 광풍이 불던 시기와 2000년대 중후반 행정중심복합도시 및 지방 혁신도시가 건설되던 시기에 실무 건축가로 일했다. 게다가 대한민국의 대표적인 대규모 설계사무소에서 현상설계를 전문으로 하는 팀에서 주로 일했다. 그래서 나는 인구 수천 또는 수만을 위한 아파트 단지가, 아니 인구 수십만을 위한 도시가 삽시간에 계획되고, 곧바로 건설되어, 그곳에 실제로 사람들이 거주하는 변화의 현장에 있었다. 아마도 그때 건축가로서의 짜릿하다 못해 무섭기까지 했던 경험이 없었다면, 때늦은 미국 유학도, 그리고 본고의 집필도 없었을 것이다. 한국의 도시화 50년이 초래한 물리적 세계의 변화는 인위적인, 그것도 너무나 인위적인 변화였다. 하지만 이는 마치 우리 주변의 물이나 공기처럼 이제 우리에게는 너무나 익숙하고 자연스러운 일상이 되어 버렸다.

미국에서 6년여의 박사 과정과 강사 생활을 마치고, 한국으로 돌아온 지 이제 7~8년이 되었다. 미국에서 동아시아의 급속한 도시화와 대규모 물리적 개발에 대해 연구를 하였음에도 불구하고, 막상 한국에 다시 돌아오니 이미 더욱 공고한 문화가 되어버린 한국 도시화의 일상적 메커니즘을 낯설게 실감할 때가 있다. 나는 2018~2019년에 서울시 모 자치구의 거리 재생을 위한 기본구상 연구에 참여하였다. 이를 위한 경쟁 입찰에 당선된 이후 주민들과 담당 공무원들을 처음으로 만나는 자리였다. 해당 사업의 담당 공무원은 놀랍게도 나를 자신의 상사에게 "과장님, 용역 업체입니다"라고 소개하였다. 나는 한 번도 내가 용역 업체에서 일한다는 생각을 해 본 적이 없어서, 용역 및 용역 업체라는 단어를 사전에서 찾아보았다. 용역用役(Service), 물질적 재화의 형태를 취하지 아니하고 생산과 소비에 필요한 노무를 제공하는 일.[2] 용역 업체用役 業體(Service Company), 경비, 청소, 운송 등과 같이 주로 생산과 소비에 필요한 육체적 노동을 제공하는 기업체.[3]

지금 한국에서 하고 있는 일과 유사한 일을 미국에서도, 중국에서도, 심지어 남아메리카의 엘살바도르에서도 수행하였지만, 한국에서처럼 정부 중심의 수직적 관계가 문화로 내재되어 있는 경우를 경험한 적이 없다. 대학 교수의 연구 과제조차 용역 업체의 업무로 인식이 되고 있으니, 일반 회사의 설계 및 엔지니어링 업무는 과연 어떻게 간주되고 실행될 것인지 어느 정도 짐작이 된다. 이번 장에서는 마치 개인의 습관이나 조직의 관행 또는 사회의 문화처럼 우리의 일상 속에 지금도 견고하게 작동하고 있는 한국 도시화의 메커니즘을 계획 제도, 정부 사업, 행정 소품 등을 통해 살펴본다.

도시화 메커니즘의 계획 제도:
법, 제도, 정책, 국정과제, 슬로건

한국 도시화의 일상적 메커니즘을 작동하는 첫 번째 단계로 계획 제도
가 있다. 대한민국은 자유민주주의 국가로서 법치주의를 근간으로 사람
이나 폭력이 아닌 법과 제도를 통한 통치를 원칙으로 하고 있다. 대한민
국의 최상위 법 규범으로서 헌법은 공공복리와 공공 필요에 따라[4] 그리
고 국토의 효율적이고 균형 있는 이용 개발과 보전을 위하여[5] 국민의 사
유재산에 개입할 수 있는 법적, 제도적 근거를 제시하고 있다. 이에 따라
'표11'에서 보는 바와 같이, 헌법의 하위에 법률, 대통령령, 총리령·부령,
자치법규 등의 법령이 위계에 따라 구성되며, 상위법 우선, 신법 우선, 그
리고 특별법 우선의 원칙에 따라 적용된다.

보다 구체적으로 대한민국의 도시화 관련 주요 법령의 종류 및 특징은
'표12'에서 보는 바와 같다. 흥미롭게도 대한민국의 도시화 관련 주요 법
령의 종류 및 제정 시점은 해당 정부의 성격 및 임기와 긴밀한 관계를 형
성하고 있음을 알 수 있다. 이를테면 박정희 정부는 건축법, 도시계획법,
국토이용관리법, 주택건설촉진법 등의 도시화 관련 주요 법령을 최초로

표11. 대한민국 법령의 종류 및 특징[6]

종류	특징
헌법	한 나라에서 최상위의 법 규범으로 국민의 권리·의무 등 기본권에 관한 내용과 국가기관 등 통치 기구의 구성에 대한 내용을 담고 있으며, 모든 법령의 기준과 근거
법률	헌법에 비해 구체적으로 국민의 권리·의무에 관한 사항을 규율하며, 행정의 근거로 작용하고 있기 때문에 법체계상 가장 중요한 근간
대통령령 총리령·부령	국민의 권리·의무에 관한 구체적인 내용은 국가 정책을 집행하고 담당하는 중앙 행정기관이 법률에서 위임 받아 시행령(대통령령)과 시행규칙(총리령, 부령)을 제정
자치법규	지방자치단체가 법령의 범위 안에서 그 권한에 속하는 사무에 관하여 조례(지방 의회)와 규칙(지방자치단체의 장)을 제정

표12. 대한민국의 도시화 관련 주요 법령의 종류 및 특징

법령	제정 시점	시행 시점	정부 임기
건축법	1962. 1. 20.	1962. 1. 20.	박정희 정부 1961. 7. 3. ~ 1979. 10. 26.
도시계획법	1962. 1. 20.	1962. 1. 20.	
국토이용관리법	1972. 12. 30.	1973. 3. 31.	
주택건설촉진법	1972. 12. 30.	1973. 1. 15.	
주택법	2003. 5. 29.	2003. 11. 30.	김대중 정부 1998. 2. 25. ~ 2003. 2. 24.
택지개발촉진법	1980. 12. 31.	1981. 1. 1.	전두환 정부 1980. 9. 1. ~ 1988. 2. 24.
국토의 계획 및 이용에 관한 법률 (약칭: 국토계획법)	2002. 2. 4.	2003. 1. 1.	김대중 정부 1998.02.25 ~ 2003.02.24
신행정수도 후속대책을 위한 연기·공주지역 행정중심복합도시 건설을 위한 특별법 (약칭: 행복도시법)	2005. 3. 18.	2005. 5. 19.	노무현 정부 2003. 2. 25. ~ 2008. 2. 24.
공공기관 지방이전에 따른 혁신도시건설 및 지원에 관한 특별법	2007. 1. 11.	2007. 2. 12.	
혁신도시조성 및 발전에 관한 특별법 (약칭: 혁신도시법)	2017. 12. 26.	2018. 3. 27.	문재인 정부 2017. 5. 10. ~ 2022. 5. 9.
도시재생 활성화 및 지원에 관한 특별법 (약칭: 도시재생법)	2003. 6. 4.	2003. 12. 5.	노무현 정부 2003. 2. 25. ~ 2008. 2. 24.
경관법	2007. 5. 17.	2007. 11. 18.	
건축기본법	2007. 12. 21.	2008. 6. 22.	
유비쿼터스 도시의 건설 등에 관한 법률	2008. 3. 28.	2008. 9. 29.	이명박 정부 2008. 2. 25. ~ 2013. 2. 24.
스마트도시 조성 및 산업진흥 등에 관한 법률 (약칭: 스마트도시법)	2017. 3. 21.	2017. 9. 22.	문재인 정부 2017. 5. 10. ~ 2022. 5. 9

제정하였으며, 이에 대한 시대적인 법적 정비로서 김대중 정부는 주택법, 국토계획법 등의 법령을 제·개정하였다.

한편 노무현 정부에서는 주목할 만하게도 행복도시법, 혁신도시법, 도시재생법 등의 여러 특별법을 제정하였으며, 문재인 정부는 이에 대해 법적, 제도적 계승을 시도하였던 것을 볼 수 있다. 여기에서 특별법은 일반법에 비해 지역·사람·사항에 관한 법의 효력이 좁은 범위에서 적용되는 법률을 말하며, 일반법에 대하여 우선적으로 적용되는 원칙을 가지고 있다. 이를 통해 대한민국의 도시화 관련 주요 법령에 있어서도 보수와 진보의 정권 성향이 중요하게 반영되어 있으며, 나아가 대한민국의 실제 물리적 세계에도 여러 단절적 전환이 법적, 제도적으로 시도되었음을 알 수 있다.

사실 오늘날과 같이 민선에 의해 대통령과 지방자치단체장을 모두 선출하는 시대에는 법, 제도 못지않게 정책, 국정과제, 슬로건 등이 중요한 계획 제도로서 역할을 하게 된다. 국민에 의해 선출된 지도자들은 자신들의 공약을 바탕으로 임기 내에 성과를 도출해내야 하며, 이에 대하여 다음 선거에서 직간접적인 평가를 국민에게 받는다. 이를테면 대통령은 정권에 대한 심판을 받으며, 지방자치단체장은 연임 여부가 결정되기도 한다.[7] 따라서, 대통령과 지방자치단체장은 자신들의 정책, 국정과제, 슬로건 등을 임기 내에 선명하게 드러내고, 성과를 독려하기 위한 많은 노력을 기울인다.

이에 대한 대표적 사례로서 중앙정부의 100대 국정과제는 비전, 목표, 전략, 국정과제(주관 부서), 실천 과제 등을 명시하며, 중앙정부의 모든 국책사업과 정책 연구의 지침서 역할과 함께 사실상 공무원이나 연구자의 정책 방향을 규정하게 된다. 더욱이 중앙정부뿐만 아니라 광역 지방자치단체(시·도)와 기초 지방자치단체(시·군·구) 역시 마찬가지의 작업을 한다. 이를테면 2018년 6월 13일에 실시된 전국동시지방선거 이후 발표된 경기도의 실천 200개 도정과제,[8] 경상북도의 8대 분야 100대 도정과제,[9] 영등포구의 4개년 계획 100개 구정과제[10] 등은 모두 동일한 맥락으로 이해할 수 있는 사례들이다. 이에 따라 중앙정부와 지방정부 모두 법정 계획보다 더욱 중요한 비법정 계획이나 사업 계획 등이 등장하게 되며, 임기 동안 이것들을 적극적으로 추진하게 된다.

목표	전략	국정 과제 (주관 부처)	목표	전략	국정 과제 (주관 부처)
		**전략 1. 국민주권의 촛불민주주의 실현**		50	교실혁명을 통한 공교육 혁신 (교육부)
	1	적폐의 철저하고 완전한 청산 (법무부)		51	교육의 희망사다리 복원 (교육부)
	2	반부패 개혁으로 청렴한국 실현 (권익위·법무부)		52	고등교육의 질 제고 및 평생·직업교육 혁신 (교육부)
	3	국민 눈높이에 맞는 과거사 문제 해결 (행정부)		53	아동·청소년의 안전하고 건강한 성장 지원 (여가부)
	4	표현의 자유와 언론의 독립성 신장 (방통위)		54	미래 교육 환경 조성 및 안전한 학교 구현 (교육부)
		전략 2. 소통으로 통합하는 광화문 대통령			**전략 3. 국민안전과 생명을 지키는 안심사회**
	5	365일 국민과 소통하는 광화문 대통령 (행자부)		55	안전사고 예방 및 재난 안전관리의 국가책임체제 구축 (안전처)
국민이 주인인 정부 (15개)	6	국민 인권을 우선하는 민주주의 회복과 강화 (법무부·행정부·인권위)		56	통합적 재난관리체계 구축 및 현장 중심대응 역량 강화 (안전처)
	7	국민주권적 개헌 및 국민참여 정치개혁(국조실)	내 삶을 책임지는 국가	57	국민 건강을 지키는 생활안전 강화 (환경부·식약처)
		전략 3. 투명하고 유능한 정부		58	미세먼지 걱정 없는 쾌적한 대기환경 조성 (환경부)
	8	열린 혁신 정부, 서비스하는 행정 (행자부)		59	지속가능한 국토환경 조성 (환경부)
	9	적재적소, 공정한 인사로 신뢰받는 공직사회 구현 (인사처)		60	탈원전 정책으로 안전하고 깨끗한 에너지로 전환 (산업부·원안위)
	10	해외 체류 국민 보호 강화 및 재외동포 지원 확대 (외교부)		61	신기후체제에 대한 건실한 이행체계 구축 (환경부)
	11	국가를 위한 헌신을 잊지 않고 보답하는 나라 (보훈처)		62	해양영토 수호와 해양안전 강화 (해수부)
	12	사회적 가치 실현을 선도하는 공공기관 (기재부)			**전략 4. 노동존중·성평등을 포함한 차별없는 공정사회**
		전략 4. 권력기관의 민주적 개혁		63	노동존중 사회 실현 (고용부)
	13	국민의, 국민을 위한 권력기관 개혁 (법무부·경찰청·감사원·국정원)		64	차별 없는 좋은 일터 만들기 (고용부)
	14	민생치안 역량 강화 및 사회적 약자 보호 (경찰청)		65	다양한 가족의 안정적인 삶 지원 및 사회적 차별 해소 (여가부)
	15	과세형평 제고 및 납세자 친화적 세무행정 구축 (기재부)		66	실질적 성평등 사회 실현 (여가부)
		전략 1. 소득 주도 성장을 위한 일자리 경제			**전략 5. 자유와 창의가 넘치는 문화국가**
	16	국민의 눈높이에 맞는 좋은 일자리 창출 (고용부)		67	지역과 일상에서 문화를 누리는 생활문화 시대 (문체부)
	17	사회서비스 공공인프라 구축과 일자리 확충 (복지부)		68	창작 환경 개선과 복지 강화로 예술인의 창작권 보장 (문체부)
	18	성별·연령별 맞춤형 일자리 지원 강화 (고용부)		69	공정한 문화산업 생태계 조성과 세계 속 한류 확산 (문체부)
	19	실직과 은퇴에 대비하는 일자리 안전망 강화 (고용부)		70	미디어의 건강한 발전 (방통위)
	20	좋은 일자리 창출을 위한 서비스 산업 혁신 (기재부)		71	휴식 있는 삶을 위한 일·생활의 균형 실현 (고용부)
	21	소득 주도 성장을 위한 가계부채 위험 해소 (금융위)		72	모든 국민이 스포츠를 즐기는 활기찬 나라 (문체부)
	22	금융산업 구조 선진화 (금융위)		73	관광복지 확대와 관광산업 활성화 (문체부)
		전략 2. 활력이 넘치는 공정경제			**전략 1. 풀뿌리 민주주의를 실현하는 자치분권**
	23	공정한 시장질서 확립 (공정위)		74	획기적인 자치분권 추진과 주민 참여의 실질화 (행자부)
	24	재벌 총수 일가 전횡 방지 및 소유·지배구조 개선 (공정위)		75	지방재정 자립을 위한 강력한 재정분권 (행자부·기재부)
더불어 잘사는 경제 (26개)	25	공정거래 감시 역량 및 소비자 피해 구제 강화 (공정위)		76	교육 민주주의 회복 및 교육자치 강화 (교육부)
	26	사회적경제 활성화 (기재부)		77	세종특별시 및 제주특별자치도 분권모델의 완성 (행자부)
	27	더불어 발전하는 대·중소기업 상생 협력 (중기청)			**전략 2. 골고루 잘사는 균형발전**
		전략 3. 서민과 중산층을 위한 민생경제	고르게 발전하는 지역 (11개)	78	전 지역이 고르게 잘사는 국가균형발전 (산업부·국토부·행자부)
	28	소상공인·자영업자 역량 강화 (중기청)		79	도시경쟁력 강화 및 삶의 질 개선을 위한 도시재생뉴딜 추진 (국토부)
	29	서민 재산형성 및 금융지원 강화 (금융위)		80	해운·조선 상생을 통한 해운강국 건설 (해수부)
	30	민생과 혁신을 위한 규제 재설계 (국조실)			**전략 3. 사람이 돌아오는 농산어촌**
	31	교통·통신비 절감으로 국민 생활비 경감 (국토부·미래부)		81	누구나 살고 싶은 복지 농산어촌 조성 (농식품부)
	32	국가기간통신망 공공성 강화 및 국토교통산업 경쟁력 강화 (국토부)		82	농어업인 소득안전망의 촘촘한 확충 (농식품부)
		전략 4. 과학기술 발전이 선도하는 4차 산업혁명		83	지속가능한 농식품 산업 기반 조성 (농식품부)
	33	소프트웨어 강국, ICT 르네상스로 4차 산업혁명 선도 기반 구축 (미래부)		84	깨끗한 바다, 풍요로운 어장 (해수부)
	34	고부가가치 창출 미래형 신산업 발굴·육성 (산업부·미래부·국토부)			**전략 1. 강한 안보와 책임국방**
	35	자율과 책임의 과학기술 혁신 생태계 조성 (미래부)		85	북핵 등 비대칭 위협 대응능력 강화 (국방부)
	36	청년과학자와 기초연구 지원으로 과학기술 미래역량 확충 (미래부)		86	굳건한 한미동맹 기반 위에 전작권 조기 전환 (국방부)
	37	친환경 미래 에너지 발굴·육성 (산업부)		87	국방개혁 및 국방 문민화의 강력한 추진 (국방부)
	38	주력산업 경쟁력 제고로 산업경제의 활력 회복 (산업부)		88	방산비리 척결과 4차 산업혁명시대에 걸맞은 방위산업 육성 (국방부)
		전략 5. 중소벤처가 주도하는 창업과 혁신성장		89	장병 인권 보장 및 복무 여건의 획기적 개선 (국방부)
	39	혁신을 응원하는 창업국가 조성 (중기청)			**전략 2. 남북 간 화해협력과 한반도 비핵화**
	40	중소기업의 튼튼한 성장 환경 구축 (중기청)	평화와 번영의 한반도 (16개)	90	한반도 신경제지도 구상 및 경제통일 구현 (통일부)
	41	대·중소기업 임금 격차 축소 등을 통한 중소기업 인력난 해소 (중기청)		91	남북기본협정 체결 및 남북관계 재정립 (통일부)
		전략 1. 모두가 누리는 포용적 복지국가		92	북한인권 개선 및 이산가족 등 인도적 문제 해결 (통일부)
	42	국민의 기본생활을 보장하는 맞춤형 사회보장 (복지부)		93	남북교류 활성화를 통한 남북관계 발전 (통일부)
내 삶을 책임지는 국가 (32개)	43	고령사회 대비, 건강하고 품위 있는 노후생활 보장 (복지부)		94	통일 공감대 확산과 통일국민협약 추진 (통일부)
	44	건강보험 보장성 강화 및 예방 중심 건강관리 지원 (복지부)		95	북핵문제의 평화적 해결 및 평화체제 구축 (외교부)
	45	의료공공성 확보 및 환자 중심 의료서비스 제공 (복지부)			**전략 3. 국제협력을 주도하는 당당한 외교**
	46	서민이 안심하고 사는 주거 환경 조성 (국토부)		96	국민외교 및 공공외교를 통한 국익 증진 (외교부)
	47	청년과 신혼부부 주거 부담 경감 (국토부)		97	주변 4국과의 당당한 협력외교 추진 (외교부)
		전략 2. 국가가 책임지는 보육과 교육		98	동북아플러스 책임공동체 형성 (외교부)
	48	미래세대 투자를 통한 저출산 극복 (복지부)		99	국익을 증진하는 경제외교 및 개발협력 강화 (외교부)
	49	유아에서 대학까지 교육의 공공성 강화 (교육부)		100	보호무역주의 대응 및 전략적 경제협력 강화 (산업부)

도시화 메커니즘의 정부 사업:
시범 사업, 모범 사업, 공모 사업

한국 도시화의 일상적 메커니즘을 작동하는 두 번째 단계로 정부 사업이 있다. 한국의 도시화 50년이 정부 주도의 도시화와 대규모 물리적 개발이 가능했던 이유는 중앙정부가 사업 선정, 예산 배분, 사업 평가 등의 정부 사업 전 과정에 있어 주도적이며 막강한 역할을 수행할 수 있었기 때문이다. 실제 정부 사업의 추진에 있어서는 시범 사업, 모범 사업, 공모 사업 등의 방식으로 진행되었다. 구체적으로, 시범 사업Pilot Project은 정부 사업을 계획적으로 실시하기 위해 일부 대상지에 사업을 사전에 실시하는 것을 말하고, 모범 사업Excellent Project은 정부 사업의 실행 이후에 모든 사업 대상지를 평가하여 우수한 사업을 선정하는 것을 말하며, 공모 사업Competition Project은 정부 사업의 사업 대상지 선정 및 예산 배분을 위한 경쟁 사업을 말한다.

하지만 정부 주도의 도시화는 대통령 선거에 의해 정권이 바뀌게 되면 본질적으로 정책이나 사업의 연속성을 가질 수 없는 구조를 가지고 있다. 더욱이 중앙정부의 막강한 역할로 인해 다양한 사업 유형의 도출이나 유연한 사업 추진 방식이 실현되기 어려운 측면도 있다. 이와 함께 중

공모 사업의 도시, 세종

세종시는 세계에 유래 없는 공모 사업의 도시라고 할 수 있다. 도시 개념,[12] 첫마을, 중심행정타운,[13] 그리고 중앙녹지공간[14] 등이 국제적 규모의 설계공모로 진행되었으며, 이어 도시상징광장과 생활권 마스터플랜뿐만 아니라 공동주택, 주상복합, 단독주택, 복합 커뮤니티 시설 등 건축, 도시, 조경, 경관 관련 수많은 설계공모가 이미 진행되었으며, 앞으로도 진행될 예정이다.[15] 하지만 공모 사업을 통한 도시 만들기의 성과와 한계는 여전히 물음표이며, 이에 대한 구체적 연구를 개인적으로도 수행하고 싶을 정도다. 오늘날 세종시는 일견 청사, 아파트, 학교가 점령한 도시처럼 보인다. 세종시는 과연 다른 신도시와 무엇이 다른 것일까? 공모 사업이 보여주었던 화려한 청사진과 이미지는 얼마나 실제 도시로 구현되었을까? 나아가 공모 사업은 도시민의 일상적 삶에 얼마나 기여하였을까? 공모 사업의 도시, 세종을 통해 우리는 우리의 도시화에 대해 다시금 물어야 하며, 이제는 이를 재검토해야 하는 단계에 이르렀다고 생각한다.

Andres Perea Arquitecto, "The City of the Thousand Cities", 행정중심복합도시 도시개념 국제공모 당선작, 2005

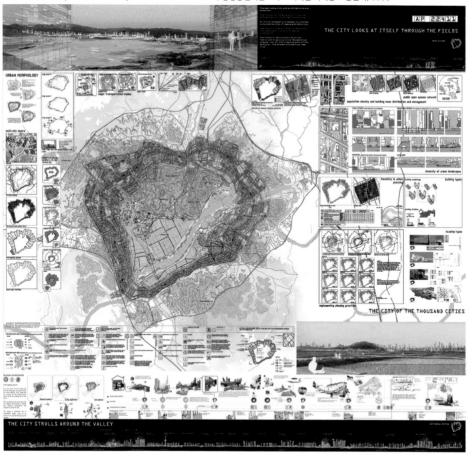

공간의 탄생, 1970~2022

해안건축, 'Flat City, Link City, Zero City', 행정중심복합도시 중심행정타운 조성 국제공모, 당선작, 2007.

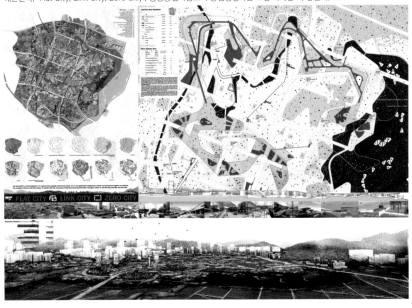

해안조경, 'Ancient Future', 행정중심복합도시 중앙녹지공간 조성 국제공모, 당선작, 2007.

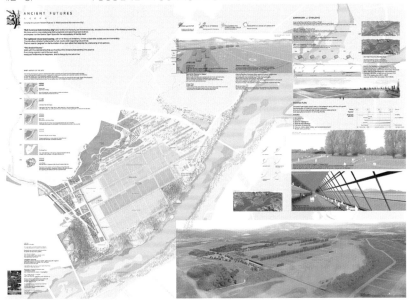

앙정부의 도시화를 대체할 본질적 대안이나 다른 예산원이 없다는 것이 더욱 큰 문제다. 하지만 미국의 경우에는 도시화의 주체 측면에서 사적 개발업자Private Developer 뿐만 아니라 다양한 비영리조직CDC(Community Development Corporation)이 있으며, 도시화의 예산 측면에서도 정부 보조금grant 이외에도 개인적 기부와 록펠러 재단Rockefeller Foundation, 빌 앤 메린다 게이츠 재단Bill & Melinda Gates Foundation, 포드 재단Ford Foundation 등과 같은 우리의 국민연금을 능가할 정도의 여러 사적 기금 private funders들이 존재한다. 이와 같은 도시화의 다양한 주체와 예산원은 실제 물리적 세계의 다양성과 유연성 및 활기에 기여하게 된다. 우리역시 정부 주도의 도시화 기조를 앞으로도 유지한다고 할지라도 도시화의 주체나 예산원을 지금보다 폭넓게 다양화할 필요가 있다.

도시화 메커니즘의 행정 소품:
지시서, 차트, 보고 자료

한국 도시화의 일상적 메커니즘을 작동하는 세 번째 단계로 행정 소품을 들 수 있다. 1960년대 군부 정권에 의해 형성된 계획 국가는 전시에 형성된 군사 문화를 계획 행정에 적극 도입하였다. 이에 따라 계획 업무는 군대의 보고 체계 및 방식과 유사한 특징을 보이며, 이를 위한 지시서, 차트, 보고 자료 등의 행정 소품이 일상적으로 활용되었다. 구체적으로 지시서는 상명하복을 가정한 과업 명령서이며, 차트는 보고와 회의를 일체화하기 위한 간략한 시각 자료이며, 보고 자료는 지시 사항에 대한 조치 사항 및 추진 경과를 보고하기 위한 문서 자료다. 이와 같은 일상적 행정 소품들로 인해 한국의 계획 행정은 전시와 같이 높은 실행력을 가지게 되었다. 더욱이 이와 같은 군사 문화로 인해 행정기관의 회의나 협의에는 참석자의 위계적 자리 배열이 특히나 중요한 일이 되었다. 한국 도시계획사 연구의 권위자였던 고 손정목 선생은 군사 문화가 행정에 끼친 영향에 대하여 다음과 같이 기술하였다. "군사 문화가 행정에 도입된 것으로 대표적인 몇 가지를 들면, 서기년호의 사용, 한글 전용, 정원과 조직 관리, 근무평정제도, 인사고과제도, 계급정년제도, 기획조정관제도(기획관리실) 등이 있다. 그러나 그 모든 것에 앞선 군사 문화 제1호는 '차트 행정'이었다. … 어떤 정책을 새로 수립할 때, 이제까지의 정책 내용을 개정하려 할 때, 어떤 안건의 처리 또는 종결의 결심을 받고자 할 때 이 미니 차트를 통하여 결재를 받았다. 이 결재를 받고 나면 문서 규정에 있는 정식 결재 서류는 기계적으로 처리될 수 있다."[16]

비록, 오늘날에는 지시서가 아래아한글 문서로, 차트와 보고 자료가 파워포인트로, 정부 사업의 공모가 대국민 홍보와 투명성을 위해 웹 페이지로 바뀌었을지라도, 여전히 기록이 충분하게 축적되지 않으며, 국민에게도 원활하게 공유되지 않는다는 것은 마찬가지다. 더욱이 일선 행정은 갑을 관계의 갑으로서, 완벽하지 않은 지시서와 차트 문화에 따른 보고 자료 등을 통해 상부에서 정한 목표를 시일 내에 완수하는 것을 가장 큰 미덕으로 삼고 있을지도 모른다. 미국에서 박사 유학 중에 시애틀 도시사에 대한 연구를 하면서, 100여 년 전 시애틀 시장이 적은 메모지 하나까지 상자Box와 파일File로 정리되어 있는 것을 본 적이 있다. 당시에 이와 같은 자료들을 보면서 한국에서도 동일한 방식으로 연구를 수행할 수 있을까에 대해 의구심이 들었다. 우리는 과연 언제까지 전쟁을 하듯이 기록도 하지 못하며 달려나가야만 할까? 어쩌면 계획의 업무도, 행정의 업무도, 도시화의 업무도 사실은 대동소이한 무한의 반복과 같은 업무일지도 모른다. 우리의 현재를 정리하는 것은 과거로 박제화하기 위함이 아

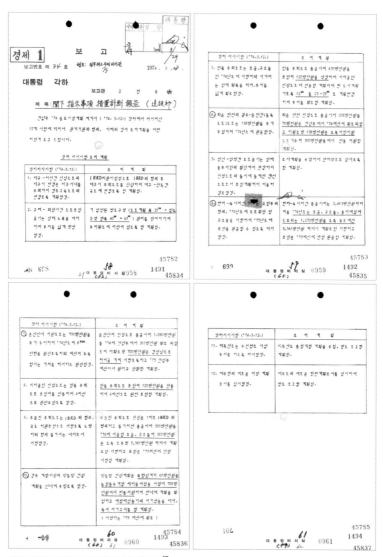

대통령 각하 지시 사항 조치 계획 보고(1974)[17]

1974년 3월 28일의 보고서는 건설부의 주요 사업 계획에 대한 박정희 대통령의 12개 지시 사항과 이에 따른 조치 계획을 보여준다. 보고서는 수석 비서관-비서실장-대통령에 이르는 명확한 보고 체계를 보여주며, 대통령의 지시 사항과 건설부의 조치 계획은 간단명료하지만 정확하고 구체적으로 기술되어 있다. 대통령이 직접 세세하게 개입하여 지시하기에는 인프라 투자 사업의 내용이 소규모로 판단된다. 하지만, 이것은 역으로 건설부의 주요 사업 계획에 대한 핵심적 권한이 대통령에게 있었으며, 강력한 하향식 집행 체계에 따라 중앙정부가 운영되고 있었음을 보여준다.

니라, 미래를 위한 기록의 생산이자 상호 공유를 하기 위함이라는 것을
이제는 깊이 인식해야 한다.

한국 도시화 50년의 리질리언스 해석

앞서 살펴본 한국의 도시화 50년에 대한 개관적 마무리를 하고자 한
다. 물리적 세계의 변화와 이에 따른 사회생태적 변화에 대한 설명은 역
사적, 이념적, 이론적 설명 등 다양한 방식이 존재할 수 있다. 이 책에서
는 도시화 현상보다 도시 만들기 과정 자체에 주목하였다. 이에 따라 한
국 도시화 50년의 가장 두드러진 특징으로 정부 주도의 도시화와 대규
모 물리적 개발에 집중하였다. 1960년대 계획 국가의 형성과 함께 중앙
정부는 비교 불가한 계획 주체로서 등장하였으며, 새로운 도시 만들기와
함께 선택과 집중의 공간 지향은 오늘날까지 지속되고 있다. 이뿐만 아니
라 중앙정부는 계획 제도, 정부 사업, 행정 소품 등을 통해 이제는 한국
의 도시화를 자연스러운 일상이자 공고한 문화로 만들어 버렸다. 그래서
인지 한국의 도시화는 미국의 인종적 분리, 인도의 대규모 슬럼, 중국의
농민공 거주지와는 구별되는 독특한 현황과 메커니즘을 보여준다.

한국의 도시화 50년을 리질리언스 개념과 이론의 관점에서 개략적으
로 해석해보면 크게 다음과 같은 특징을 도출할 수 있다. 이에 대해 리질
리언스 이론에서 핵심적으로 활용하는 3개의 다이어그램을 활용하고자
한다. 첫째, 적응적 순환Adaptive Cycle이다.[18] 한국의 도시화는 1960년대
이래 오늘날까지 보수와 진보의 정권 성향과 관계없이 새로운 도시 만들
기와 함께 선택과 집중의 도시화를 흔들림 없이 지속하였다. 이로 인해
한국의 도시화는 적응적 순환의 다이어그램에서 r(이용·성장, exploitation)
에서 K(보존·축적, conservation)로 성장과 축적의 점진적 과정foreloop을 거

쳤다고 할 수 있다. 둘째, 속도 계층Pace Layering이다.[19] 한국의 도시화는 군사 정변으로 인한 정치적 전환 및 정부 주도의 경제적 개발과 함께 촉발되었다. 이로 인해 대규모 물리적 변화가 일어났으며, 사회생태적 변화 역시 함께 초래되었다. 따라서 부문별 속도 계층이 현격한 차이를 보이기보다는 상호 동조화 현상을 보여주었다고 할 수 있다. 셋째, 패나키 Panarchy이다.[20] 한국의 도시화는 불과 50여 년의 시간 동안 집-마을-도시-지역-국토의 변화가 상호 중첩되어 동시에 일어났다. 다시 말해 시공간적으로 작고 빠른 시스템과 크고 느린 시스템이 긴밀하게 동기화되어 있었다고 할 수 있다. 이를 가능하게 한 것은 정부 주도의 도시화 때문이며, 실제로 국가 최고의 권력자로부터 주민에 이르기까지 긴밀하게 연결되어 있었다.

이제 한국 도시화 50년의 리질리언스에 대한 보다 구체적 해석은 다음 장부터 시대적인 공간 사례를 바탕으로 다루고자 한다.

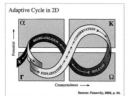
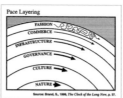

리질리언스 개념과 이론 다이어그램
리질리언스 개념과 이론을 설명하는 문헌들에서 발견되는 두드러진 특징 중에 하나는 경험적이거나 직관적인 비유(heuristic or intuitive metaphor)를 많이 사용한다는 것이다. 일반적으로 개념을 정의하는 것은 혼동을 피하기 위한 것이므로, 명료하고 정확한 언어를 사용한다. 특히나, 자연과학에서 개념을 정의하는 경우에는 명확한 수식을 동원하는 것이 일반적이다. 그럼에도 불구하고, 리질리언스 이론에서는 수식을 활용한 정의나 수학적, 통계적 모형 대신 비유나 다이어그램, 그래프, 사례 등을 주로 사용한다. 이것은 기본적으로 리질리언스 이론이 복잡적응계를 다루고 있어서, 부정확한 수식이나 모형이 오히려 오류를 일으킬 수 있다고 생각하기 때문이다.[21]

공간의 탄생, 1970~2022

1. William Cowper. *The Task: A Poem in Six Books*. London: Printed for J. Johnson, 1785.

2. "용역", 표준국어대사전, 2024년 12월 1일 접속(https://ko.dict.naver.com/#/entry/koko/fa277 53328404c4ca29c7861983be780)

3. "용역 업체", 고려대한국어대사전, 2024년 12월 1일 접속(https://ko.dict.naver.com/#/entry/ koko/eb4afa670562415a93b87fa066093b0f)

4. 대한민국 헌법 제23조, "①모든 국민의 재산권은 보장된다. 그 내용과 한계는 법률로 정한다. ②재산권의 행사는 공공복리에 적합하도록 하여야 한다. ③공공 필요에 의한 재산권의 수용·사용 또는 제한 및 그에 대한 보상은 법률로써 하되, 정당한 보상을 지급하여야 한다."

5. 대한민국 헌법 제 122조, "국가는 국민 모두의 생산 및 생활의 기반이 되는 국토의 효율적이고 균형있는 이용·개발과 보전을 위하여 법률이 정하는 바에 의하여 그에 관한 필요한 제한과 의무를 과할 수 있다."

6. "법령의 종류", 법제처, 2024년 12월 1일 접속(http://www.moleg.go.kr/child/commonsense/ lawkind)

7. 지방자치법 제 95조, "(지방자치단체의 장의 임기) 지방자치단체의 장의 임기는 4년으로 하며, 지방자치단체의 장의 계속 재임(在任)은 3기에 한한다."

8. 김춘성, "경기도, 민선6기 실천 200개 도정 과제 발표", 머니투데이, 2015년 2월 26일.

9. 류상현, "이철우 경북지사, 도정운영 4개년 계획 밝혀", 중앙일보, 2018년 9월 3일.

10. 강형구, "탁트인 영등포 구정 4개년 계획 발표", 시대일보, 2018년 10월 19일.

11. "문재인 정부 국정운영 5개년 계획 및 100대 국정과제", 대한민국 정책브리핑, 2024년 12월 1일 접속(http://korea.kr/archive/expDocView.do?docId=37595)

12. "The City of the Thousand Cities", Andres Perea Arquitecto, 행정중심복합도시 도시개념 국제공모 당선작, 2005. 11. 15.

13. "Flat City, Link City, Zero City", 해안건축, 행정중심복합도시 중심행정타운 국제공모 당선작, 2007. 1. 19.

14. "Ancient Future", 조경설계 해인, 행정중심복합도시 중앙녹지공간 국제공모 당선작, 2017. 8. 28.

15. "공모", 자연이 살아 숨쉬는 환상형 도시, 2024년 12월 1일 접속(https://happycity2030.co.kr/ competition)

16. 손정목, 『서울 도시계획 이야기1: 서울 격동의 50년과 나의 증언』, 한울, 2003, pp.23~25.

17. "박정희 대통령 주요 기록물 문서", 행정안전부 국가기록원 대통령기록관, 2024년 12월 1일 접속 (https://pa.go.kr/online_contents/archive/president_instructionIndex.jsp?activePresident =%EB%B0%95%EC%A0%95%ED%9D%AC)

18. "Adaptive Cycle", Resilience Alliance, 2024년 12월 1일 접속(https://www.resalliance.org/ adaptive-cycle)

19. "Panarchy", Solving for Pattern, 2024년 12월 1일 접속(https://www.solvingforpattern. org/2012/10/27/panarchy-and-pace-in-the-big-back-loop/)

20. "Pace Layering", Solving for Pattern, 2024년 12월 1일 접속(https://www.solvingforpattern. org/2012/10/27/panarchy-and-pace-in-the-big-back-loop/)

21. Donald Ludwig, Brian H. Walker, and C. S. Holling, "Models and Metaphors of Sustainability, Stability, and Resilience" In L. H. Gunderson, L. Pritchard, and International Council of Scientific Unions. (Eds.) *Resilience and the behavior of large scale systems*. Washington, D.C.: Island Press, 2002, pp.21-48.

06.

1970년대
공간의 탄생:
농촌의 도시화

농촌을 도시화하라

새마을운동의 시작 및 경과

새마을운동의 계획 지향과 공간 실험

새마을운동 이후의 농촌 그리고 오늘날

새마을운동의 리질리언스 평가 및 해석

농촌을 도시화하라

지금까지 한국 도시화 50년의 문제의식과 현황 및 메커니즘을 살펴보았다. 이제부터는 한국 도시화 50년의 구체적 공간 사례를 시대별로 탐구한다. 첫 번째 사례로 1970년대 공간의 탄생에 대해 농촌의 도시화를 중심으로 살펴본다. 이를 위해 농촌과 농촌의 도시화에 대한 기본적 질문에서 시작하고자 한다. '농촌은 과연 무엇이며, 농촌의 도시화는 어떠한 변화와 관련되어 있을까?' 농촌은 도시와 대비되는 개념으로서 삶터, 일터, 쉼터 등이 융합되어 있는 마을이라는 물리적 정주 환경을 기본 단위로 구성된다. 따라서 농촌의 도시화는 마을의 물리적 변화만을 단순하게 의미하는 것이 아니라, 농민의 생활 방식 변화, 농업의 경제적 의존 변화, 자연의 자원 관리 변화 등 여러 사회생태적 변화와 긴밀하게 연관되어 있다.

1970년대 농촌의 도시화를 한반도의 역사적 맥락에서 바라보면, 농촌의 도시화는 전통적인 농촌·농경 사회에서 도시·산업 사회로 변모하는 과정에서 일어난 농촌 지역의 문명사적 전환 과정으로 이해할 수 있다. 더욱이 이와 같은 문명사적 전환은 한반도 최초의 농경 시점까지 소급해 보면, 지금으로부터 약 6,000년 이전부터 유지·진화·발전되어 온 정주 환경의 물리적·사회생태적 변화라고 규정할 수 있다.[1] 다시 말해 1970년대 농촌의 도시화는 풍수 사상, 배산임수, 씨족 마을 등 전통 마을의 구성 원리에 따라 형성된 농촌 마을의 근대화 과정이라고 할 수 있다. 이 중심에는 새마을운동이 있었으며,[2] 새로운 도시 만들기를 향한 정부 주도의 도시화에 따라 전국의 모든 농촌 마을에서 대규모 물리적 변화가 일시에 일어났다.

한국의 정부 주도 도시화와 대규모 물리적 개발은 1960년대 계획 국

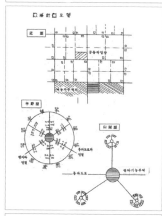

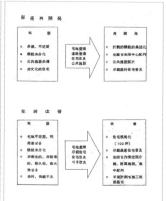

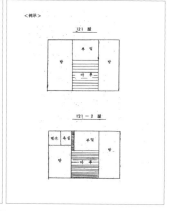

1972년 내무부의 새마을농촌건설계획 보고서

내무부의 새마을농촌건설계획은 시범 취락 건설, 분산 농가 집단화 계획이라는 부제에서 보는 것처럼 시범 취락의 건설과 분산 농가의 집단화를 목표로 하고 있다. 이것은 당시 중앙정부가 추구하였던 농촌의 도시화 청사진이었다. 구체적으로 새마을농촌건설계획은 기존의 자연에 대응하여 유기적으로 배치되어 있는 농가들을 부정적이며 비효율적으로 바라보았으며, 이에 따라 택지 정리, 도로 정비, 주택 개량, 공공시설, 시범 주택, 지붕 개량 등을 통해 과거와는 완전히 다른 주택과 마을을 건설하고자 하였다. 새마을농촌건설계획은 마을의 입지에서부터 마을의 공간 구조, 건축물의 배치 및 개별 주택의 건물 유형에 이르기까지 기존과는 다른 전면적인 물리적 변화를 제시하였으며, 그 변화의 지향점은 농촌의 도시화에 있었다.[3]

새마을 가꾸기 시범사업 신문 기사
1972년 3월 8일의 「매일경제」 신문 기사
는 1972년 내무부의 새마을농촌건설계획
과 서로 긴밀한 호응을 이룬다.

가의 형성과 함께 시작되었으며, 1960년대에는 특정 지역 개발과 경부고
속도로 건설 등이, 1970년대에는 국토종합개발계획의 토대 하에 본격적
인 국토 개발이 추진되었다. 이와 같은 한국의 도시화 맥락에서 1970년
대 새마을운동이 정부 주도로 추진되었다. 1972년 내무부의 새마을농
촌건설계획 보고서의 첫 페이지는 당시의 도시화를 향한 열망적 선언을
강렬하게 드러내고 있다.[4] 이에 따르면 기존의 전통적인 농촌 취락과 농
촌 기반은 개조와 개벽의 대상이며, 1980년대의 선진화된 농촌을 위해
농촌 정주 환경의 도시 형태 및 도시 성격화를 추구하는 것을 알 수 있
다. 사실 새마을운동에서 보이는 농촌의 도시화는 우리만의 일은 아니
며, 근대 산업 국가로 진입하면서 직면하게 되는 도시화 과정 중의 하나
라고 할 수 있다.

새마을운동의 시작 및 경과

새마을운동은 박정희 정부 주도의 농촌 개발 또는 농촌 근대화 운동으
로 알려져 있지만, 사실 새마을운동이 처음부터 중앙정부 주도로 체계
적으로 추진된 것은 아니다. 새마을운동은 1970년에 새마을 가꾸기 사

업으로 실험적으로 시행되었으며, 1972년이 되어서야 비로소 새마을운동이라는 오늘날의 명칭을 사용하게 되었다. 새마을운동은 농촌 개발이라는 표면적 이유뿐만 아니라 쌍용양회의 시멘트 과잉 생산, 박정희 정부의 정치적 기반 유지 등 여러 복합적인 이유가 원인이 되어 시작되었다. 특히 당시 박정희 정부는 1969년 삼선 개헌 이후 1971년 대통령 선거를 앞두고 자신들에게 높은 지지를 보이는 농촌에서 안정적인 정치적 기반이 필수적으로 요청되었다.

이에 따라 중앙정부는 1970년에 전국 33,267개의 마을에 각각 시멘트 335포대와 철근을 무상으로 제공하였으며, 마을마다 무상 시멘트와 철근의 자유롭고 효율적인 활용을 유도하였다. 이에 따른 결과는 중앙정부의 기대를 훨씬 넘어서는 것이었으며, 중앙정부는 이와 같은 성공에 고무되어 향후 새마을운동을 적극적으로 추진하게 되었다. 1971년에 이르러 마을 조림, 진입로 확장, 소하천 정비, 퇴비장 만들기, 소류지 준설, 관정 보수, 하수구 정비, 공동 우물, 빨래터 만들기, 쥐잡기의 10대 새마을 가꾸기 사업을 지정하여 추진하였다. 새마을운동은 초기 실험의 성공에 따라 기반 조성(1971~1973), 사업 확산(1974~1976), 사업 심화(1977~1981)의 단계를 거치며 급속도로 확대되어 추진되었다.[5] 결과적으로 새마을운동은 초기의 기초 환경 개선 위주에서 점차 농가 소득 증대의 방향으로 전환되었고, 농촌을 벗어나 도시, 공장, 직장, 학교 등으로 점차 확대되었다.

새마을운동은 1970년대의 석유 파동으로 인한 세계 경제 위기 및 남북한의 첨예한 군사 대치 상황 속에서 중화학공업 육성과 함께 박정희 정부의 유신 정치 체제를 지탱하는 역할을 수행하였다.[6] 더욱이 새마을운동은 가족 계획, 산림 녹화 등 시시각각으로 변하는 중앙정부의 여러

새마을 運動

박정희 대통령의 새마을운동 관련 친필 문서[7]

1972년 4월 26일 작성된 박정희 대통령의 새마을운동 관련 친필 문서는 새마을운동에 대한 자신의 생각을 일목요연하게 보여주고 있으며, 중앙정부의 새마을운동 정책을 놀라울 정도로 응축하여 정리하고 있다. 다시 말해 박정희 대통령의 친필 문서는 곧, 중앙정부의 새마을운동 정책 그 자체를 보여준다. 이것은 국가 최고 권력자의 비전과 생각이 전국의 모든 농촌 마을에 곧바로 전달되었다는 것을 의미한다. 사실, 새마을운동만 특이하게도 이와 같은 방식으로 정책 구상 및 사업 추진이 이루어진 것은 아니다. 박정희 대통령은 대구사범학교 출신으로 일선 보통학교 교사 경험이 있었는데, 마치 수업 교안이나 가정통신문처럼 여러 정책 및 사업에 대한 메모를 작성하였고, 이를 통해 중앙정부의 핵심 정책을 입안하고 사업을 추진하였다.

표13. 새마을운동의 연도별 추진 성과[8]

| 연도 | 참여 마을 수 | 참여 인원 (천 명) | 사업 건수 (천 건) | 투자 상황 | | | 마을당 사업비 (천 원) |
				지원 (백만 원)	합계 (백만 원)	성과 (배)	
1971	33,267	7,200	385	41	122	3.0	367
1972	34,665	32,000	320	33	313	9.5	1,378
1973	34,665	69,280	1,093	215	984	4.6	2,839
1974	35,031	106,852	1,099	308	1,328	4.3	3,831
1975	36,547	116,880	1,598	1,653	2,959	1.8	8,096
1976	36,557	117,528	887	1,651	3,226	2.0	8,825
1977	36,557	137,193	2,463	2,460	4,665	1.9	12,764
1978	36,257	270,928	2,667	3,384	6,342	1.9	17,492
1979	36,271	242,078	1,788	4,252	7,582	1.8	20,904

정치적 의제들에 조직적으로 대응하는 플랫폼으로서의 역할도 수행하였다. '표13'에서 보는 바와 같이 1970년대 새마을운동의 참여 마을 수와 참여 인원 및 사업 건수는 지속적으로 증가하였으며, 정부 지원 투자를 훨씬 웃도는 막대한 인력 및 자원이 무상으로 동원되었다. 이를 위한 새마을 지도자 및 새마을 부녀자회 등의 헌신적 참여를 통해 새마을운동은 투자 대비 놀라운 성과를 지속적으로 내게 되었다. 따라서 새마을운동은 고정 불변의 실체가 존재하였다기보다는 시대의 변화에 따라 시시각각으로 대응하며 형성되었다고 할 수 있다.

새마을운동의 계획 지향과 공간 실험

새마을운동의 계획 지향은 선택과 집중의 도시화 그 자체였다. 이를 위해 농촌에 도시 형태와 도시 공간을 즉물적으로 구현하고자 하였다. 농촌의 도시화는 분산 농가들을 집단화하여 하나의 마을로 만드는 것이었으며, 마을의 중심에는 마을회관과 창고 및 작업장이 놓이고, 기존의 중

정형 농가와는 다르면서 오늘날의 아파트 평면처럼 하나의 공간으로 일체화된 농가 주택을 건설하고자 하였다. 다시 말해, 새마을운동은 농촌의 전통적인 공간 구성을 추구하지 않았다. 전통적이며 과거지향적인 공간 구성에서 과감히 탈피하여 기능적이고 효율적인 공간 구성을 추구하였다. 따라서 농촌의 도시화는 1970년대 공간의 탄생을 설명하는 대표적인 사례가 된다.

새마을운동 이전 삼곡리 모습

정촌부락발전계획 조감도

현재 삼곡리의 모습

새마을운동 시범 사업 대상지의 어제와 오늘

앞서 언급한 새마을 가꾸기 사업 대상지 중의 하나인 충청남도 청원군 성거면 삼곡리(현재, 충청남도 천안시 서북구 성거읍 삼곡리)의 사례를 통해 새마을운동 이전, 새마을운동 시기(1972~1974로 추정), 새마을운동 이후를 보다 면밀하게 검토할 수 있다. 새마을운동 이전의 사진은 마을 답사 과정에서 이장님에게 구득한 사진이며, 새마을운동 시기의 사진은 1972년 계획 조감도를 보여주고 있으며, 새마을운동 이후의 사진은 2019년의 항공사진이다. 삼곡리는 경부고속도로 건설과 함께 기존의 마을을 철거하고 새롭게 조성되었으며, 마을 형태는 흡사 르네상스 시대의 도시 형태와 유사한 기하학적인 공간 구조를 가지고 있다. 마을의 중심에는 마을회관과 공동 작업장이 있으며, 마을 주변에는 개별 주택이 위치하고 있다. 1972년 계획된 개별 주택은 A형, B형, C형의 세 유형만으로 구성되었으며, 마을 주민들은 여전히 자신들의 집을 A형, B형, C형으로 부르고 있다.

이와 같은 새마을운동의 계획 지향을 실현하기 위한 공간 실험은 크게 시범 사업과 모범 사업의 방식으로 추진되었다. 전국의 33,000여 개 농촌 마을을 대상으로 시행된 새마을운동은 시범 사업보다는 모범 사업의 방식을 통해 각각의 마을이 자율적으로 개선되고, 이에 대한 평가를 통해 추가 자원을 지원받는 방식으로 추진되었다. 그럼에도 불구하고 '표14'에서 보는 바와 같이, 각각의 마을이 자율적으로 추진하는 사업에는 일정 부분 유형이 존재하였고, 이에 따라 모범 사업 여부가 판단될 수

표14. 주요 새마을 사업 추진 상황, 1971~1979[9]

사업명		단위	총 목표 (1971년 계획)	총 실적(1979년까지)	
				실적	성과(%)
진입로	마을안길 확장	km	26,266	43,506	165
	농로 개설	km	49,167	61,201	124
	소교량 가설	개소	76,749	76,195	99
공동 시설	마을 회관	동	35,608	35,950	101
	창고	동	34,665	21,792	63
	작업장	개소	34,665	5,755	17
	축사	개소	32,729	4,352	13
농업 용수	소류지	개소	10,122	13,079	129
	보	개소	22,787	29,131	128
	도수로	km	4,043	4,881	121
	소하천 정비	km	17,239	9,180	53
주택 취락	주택 개량	천동	544	185	34
	취락 구조 개선	마을	–	2,102	–
	소도읍 가꾸기	도읍	1,529	748	49
상하수도	간이 급수	개소	32,264	23,764	73
	하수구 시설	km	8,654	14,758	170
기타	농어촌 전화	천호	2,834	2,777.5	98
	마을 통신 (행정리·동)	리·동	18,633 (36,313)	18,633 (24,633)	100 (68)
	자석식 전화 시설	회선	–	345,240	–
	새마을 공장	공장	950	666	70
	마을 조림	ha	967,362	569,804	59

있었다. 한편 시범 사업은 사업의 수가 많지는 않았지만, 새마을운동의 계획 지향과 공간 실험을 분명하게 보여주었으며, 전국의 여러 마을들에 대한 표본이자 사례로서 역할하도록 하였다. 그러므로 새마을운동은 중앙정부의 강력한 정책 의지에도 불구하고, 많은 경우에는 마을 지도자가 중심이 되어 마을의 의견과 특수성에 따라 구체적 사업이 추진되고 성과가 평가되는 방식을 취하였다. 이에 따라 새마을운동은 권위주의식, 하향식으로 단정 지을 수 없는 수많은 상향식 요소들이 도출되었고, 이것이 새마을운동의 성과를 높이는 중요한 요인으로 작용하였다.

새마을운동 이후의 농촌 그리고 오늘날

대한민국의 역사에서 박정희 대통령만큼 논란의 여지가 큰 지도자도 많지 않다. 더욱이 그에 대한 평가는 여전히 극단적 찬성[10]과 극단적 반대[11]로 극명하게 대비를 이루고 있다. 1979년 10월 26일 박정희 대통령의 갑작스런 서거로 인해 새마을운동은 중앙정부에서 모멘텀을 잃기 시작했으며, 1970년대까지 이어져오던 농촌 개발에 대한 의지 및 당위성도 순식간에 꺾이게 되었다. 전두환 정부의 등장 이후 전면적인 도시화 기조로 인해 농촌은 더 이상 국가 정책의 중요한 대상으로 부상하지 않게 되었다. 박근혜 정부 시절 공적개발원조Official Development Assistance(ODA) 등을 통해 새마을운동이 잠시나마 반짝이던 활기와 에너지가 있었으나, 탄핵정국의 흐름 이후로 이제는 이조차도 사라졌다.

비록 여전히 새마을운동 관련 기관과 조직이 있음에도 불구하고 새마을운동은 분명 1970년대 이후 많은 것들이 정체되어 있으며, 이제는 더 이상의 활기찬 변화를 찾기란 불가능하다. 사실 우리 사회가 농촌에 희망을 걸거나 비전을 찾는 일 자체가 어려운 실정이다. 결과적으로 농촌

유네스코 세계기록유산에 등재된 새마을운동 기록물[12]

새마을운동 기록물은 2013년 6월 18일에 이순신 장군의 난중일기(국보 제76호)와 함께 유네스코 세계기록유산에 등재되었다. 새마을운동 기록물은 1970년부터 1979년까지 새마을운동 과정에서 정부, 새마을지도자와 마을 주민, 새마을지도자연수원 등에서 생산된 새마을운동에 관한 다양한 형태의 기록물이며, 총 22,084건에 이른다. 새마을운동 기록물은 한국의 근대화와 농촌 개발을 증언하는 자료로서 오늘날의 국제개발기구와 개발도상국에 귀중한 자원으로 활용될 수 있다.[13] 오늘날에도 새마을운동 중앙회와 연수원, 한국국제협력단(KOICA) 등의 여러 조직에서 아직도 새마을운동 관련 업무를 수행하고 있지만, 1970년대의 활기와 에너지는 사라진 지 이미 오래되었다. 그럼에도 불구하고 새마을운동의 상징과 같은 녹색 바탕에 노란색 원을 그린 깃발이 우리의 농촌뿐만 아니라 도시에도 여전히 태극기와 함께 나부끼는 것을 우리는 심심찮게 볼 수 있다.

은 여전히 1970년대 새마을운동 시기의 변화를 그대로 간직하고 있으며, 사실상 1970년대 이후 별다른 변화가 없다고 해도 무방할 것이다. 새마을운동의 상징과 같았던 슬레이트 지붕이 겨우 양철지붕이나 칼라강판지붕 등으로 바뀌었다고 하면 지나친 표현일까? 새마을운동 당시의 어린 중·고등학생이 이제는 환갑을 넘어서고 있으며, 이들이 고령화된 마을의 청년이자 이장으로서의 역할을 수행하고 있는 경우를 심심치 않게 본다. 농촌의 산림은 더할 나위 없이 푸르러졌지만, 아이의 울음소리가 들리는 마을을 찾기란 너무나 어려운 일이 되어 버렸다. 앞으로 20~30년 후에 현재의 33,000여 개 농촌 마을 중 과연 몇 개의 마을이 남아 있을까?

새마을운동의 리질리언스 평가 및 해석

새마을운동이 중앙정부의 강력한 주도 아래 추진되었지만, 새마을운동을 중앙정부만의 공과로 보기에는 사실 무리가 있다. 더욱이 정부 주도의 새마을운동 이전에도 역사적으로 이미 마을 단위의 자발적인 농촌개발 운동이 있었으며, 이와 같은 연유 때문에 오늘날 여러 마을들은 자신들이 진정 새마을운동의 발상지라고 주장하는 일도 생기고 있다.[14] 새마을운동은 내무부의 주도로 중앙정부가 추진하였지만, 새마을운동을 계기로 구축된 조직과 농촌 주민의 자발적인 참여와 헌신을 통해 인구 계획, 산림 녹화 등 여러 중앙정부의 정책과 사업이 적극적으로 추진되었다.[15] 지금도 농촌을 방문하여 마을 주민들에게 새마을운동에 대해 물어보면, 그들은 여전히 자신들의 업적에 대해 너무나 자랑스러워한다. 새마을운동이 없었다면, 1970년대 마을 주민들은 자발적으로 자신들의

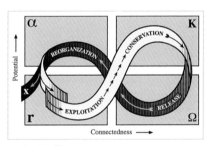

리질리언스 이론의 적응적 순환 개념도[16]

리질리언스 이론의 적응적 순환(Adaptive Cycle) 개념도는 사회생태 시스템을 비롯한 복잡적응계의 동적인 관계를 설명하는 경험적 모형이다. 적응적 순환은 r(이용·성장, exploitation) → K(보존·축적, conservation) → Ω(창조적 파괴·이완, release) → α(재조직화, reorganization)의 4단계의 순환 주기로 구성된다. 이 중에서, 'r → K'의 과정을 '전면 순환'(foreloop)이라 하며, 'Ω → α'의 과정을 '후면 순환'(backloop)이라고 한다. 두 순환은 판이하게 다른 양상을 보이는데, 전자가 예측할 수 있는 점진적인 변화(gradual change)를 보이는 것에 비해서, 후자는 갑작스럽고 혼돈스러운(abrupt change) 변화를 보인다. 이와 같은 갑작스러운 변화를 회복탄력성 이론에서는 체제 변환(regime shift)이라고 부르는데, 한 체제에서 다른 체제로의 비가역적(irreversible) 변환을 일컫는 용어다. 이것은 사회생태 시스템이 단일 평형 상태가 아닌 다중의 안정 상태가 존재하여 일어나는 현상이다.

땅을 무상으로 기부하여 진입로를 개설하지 않았을 것이다. 1970년대 새마을운동을 통해 마을 주민 모두가 함께 일을 하지 않았다면, 지금의 마을 공동체가 형성되지 않았을 것이라고 그들은 분명하게 이야기한다.

  새마을운동의 리질리언스 평가 및 해석을 위해 새마을운동 이전과 새마을운동 시기, 새마을운동 이후의 3가지 상태로 살펴볼 필요가 있다. 새마을운동은 한반도에서 농경이 시작된 이후로 농촌에서 일어난 가장 큰 변화에 해당할 것이다. 이와 같은 농촌 지역의 문명사적 전환이 10년도 채 되지 않는 시간 동안 일어났으며, 이후로는 사실상 별다른 변화가 없는 편이다. 다시 말해 새마을운동은 농촌 건조 환경의 체제 변환 Regime Shift을 일으킨 사건이었다. 구체적으로 '표15'에서 보는 바와 같이, 건조 환경의 변화는 사회 환경 및 생태 환경과 상호 긴밀한 관련을 맺고 있다. 새마을운동 이후로 건조 환경은 재구성의 시기로, 사회 환경은 체제 변환의 시기로, 생태 환경은 성장의 시기로 진행되고 있다. 여기에서 한 가지 개인적으로 궁금한 점이 있다. 새마을운동이 1970년대 이후 지금까지 지속되었다면, 오늘날 서울 중심의 패권적인 도시화가 과연 지금처럼 이어졌을까? 우리에게 농촌의 도시화는 1970년대의 공간을 탄생시키고 곧바로 사라져 버렸다.

표15. 새마을운동의 리질리언스 평가 및 해석

	새마을운동 이전	새마을운동 시기(1970~1979)	새마을운동 이후
건조 환경	r ▶ K: 성장의 시기 전통 농촌 마을 성장 완료	K ▶ Ω: 체제 변환의 시기 농촌 마을 건조 환경 급변	Ω ▶ α: 재구성의 시기 농촌 마을 건조 환경 쇠퇴
사회 환경	r ▶ K: 성장의 시기 농촌 인구 유지	r ▶ K: 성장의 시기 농촌 인구 유지 및 성장	K ▶ Ω: 체제 변환의 시기 농촌 인구 감소 및 고령화
생태 환경	K ▶ Ω: 체제 변환의 시기 민둥산 생태계 황폐화	Ω ▶ α: 재구성의 시기 산림녹화 급속화	r ▶ K: 성장의 시기 입목축적 지속적 증가

1. 문소영, "한반도 농경 시작 5,600년 전으로 끌어올려", 서울신문, 2012년 6월 27일.
2. Kim, Chung Ho, 2017. Community Resilience of the Korean New Village Movement, 1970-1979: Historical Interpretation and Resilience Assessment, ProQuest Dissertations and Theses.
3. 내무부, 새마을농촌건설계획: 시범취락건설·분산농가집단화계획, 1972.
4. 내무부, 새마을농촌건설계획: 시범취락건설·분산농가집단화계획, 1972, p.1.(저자 주: 원래 본문의 한자 표기를 한글과 병기하여 인용)
5. 정갑진, "1970년대 한국 새마을운동의 정책경험과 활용", 한국개발연구원, 2009, pp.39~44.
6. C. W. Sorensen, "Rural Modernization under the Park Regime in the 1960s", In Kim, H. A., & C. W. Sorensen, 2011. *Reassessing the Park Chung Hee era, 1961-1979: development, political thought, democracy & cultural influence*. Seattle: University of Washington Press.
7. "새마을운동 기록과 현장", 행정안전부 국가기록원, 2024년 12월 1일 접속(http://theme. archives.go.kr/viewer/common/archWebViewer.do?singleData=Y&archiveEvent Id=0047866236)
8. 내무부, 『새마을운동 10년사(자료편)』, 1980, p.17.
9. 내무부, 『새마을운동 10년사(자료편)』, 1980, p.18.
10. 조갑제, 『내 무덤에 침을 뱉어라』, 조선일보, 1998.
11. 진중권, 『네 무덤에 침을 뱉으마』, 개마고원, 2013.
12. "Archives of Saemaul Undong (New Community Movement", UNESCO Memory of the World, 2024년 12월 1일 접속(https://www.unesco.org/en/memory-world/archives-saemaul-undong-new-community-movement)
13. 이영희, "난중일기·새마을운동기록, 세계기록유산 등재", 중앙일보, 2013년 6월 19일
14. 김창혁, "그들의 새마을운동' 저자 김영미 국민대 교수", 동아일보, 2011년 6월 13일
15. 김영미, 『그들의 새마을 운동』, 푸른역사, 2009.
16. L. H. Gunderson and C. S. Holling, 2002. *Panarchy: Understanding Transformations in Systems of Humans and Nature*, Washington, D.C: Island Press, p.34.

07.

1980~90년대 공간의 탄생: 근교의 도시화

주택난을 해소하라

앞서 한국 도시화 50년의 첫 번째 공간 사례로서 '1970년대 공간의 탄생: 농촌의 도시화'에 대해 새마을운동을 중심으로 살펴보았다. 이번 장에서는 한국 도시화 50년의 두 번째 공간 사례로서 '1980~90년대 공간의 탄생: 근교의 도시화'에 대해 살펴본다. 이를 위해 근교와 근교의 도시화에 대한 개념적 이해부터 시작하고자 한다. 근교近郊(suburb)는 '도시의 가까운 변두리에 있는 마을이나 들'을 뜻한다.[1] 다시 말해 근교는 아직 도시화가 일어나지 않은 도시의 인근 지역 또는 농촌을 가리킨다. 그러므로 근교의 도시화는 기존 또는 인근 도시의 성장, 확장, 팽창 등에 따라 일어나는 근교 지역의 도시화 현상이라고 규정할 수 있다. 이와 같은 맥락에서 근교의 도시화에는 중심 도시(기존 또는 인근 도시)와 주변 도시(근교 지역)의 관계가 이미 본질적으로 내재되어 있다고 할 수 있다.

1980~90년대 근교의 도시화는 기존 도시에서 빠른 시일 내에 해결할 수 없는 도시 문제, 특히 과도한 인구 집중으로 인한 주택 문제로부터 촉발되었다. 이에 대한 해결책으로 중앙정부는 1기 신도시와 200만호 건설 계획을 통한 대규모 주택 공급을 추진하였으며, 이에 따라 서울 주변의 수도권뿐만 아니라 전 국토에 대규모 주택 건설이 삽시간에 일어났다. 사실 주택 문제는 1950년대의 한국 전쟁과 전후 복구 그리고 1960년대 이래 급속한 산업화와 도시화의 흐름 속에서 어제 오늘의 문제가 아니었으며, 주택 문제의 해결은 전 국민과 중앙정부의 오랜 숙원이었다. 실제로 1972년 박정희 정부의 250만호 건설 계획, 1980년 전두환 정부의 500만호 건설 계획 등 대규모 주택 건설 계획은 지속적으로 추진되었지만, 막대한 재정적 부담과 다른 정책의 우선순위에 밀려 온전하게 실천되지 못하였다. 하지만 1987년 민주화 이후 대통령 직선제에 따라 선출

된 노태우 정부는 정치적 안정과 사회적 요구 등으로 인해 주택 문제를
더 이상 도외시할 수 없었다. 마침내 노태우 대통령은 취임 이후 1년이 되
어가는 1989년 2월 24일에 '보통 사람들의 밤'에서 그동안 대통령 선거
공약으로만 존재하였던 200만호 주택 건설의 의지를 다음과 같이 본격
적으로 천명하였다.[2] "그동안 우리 모두 허리띠를 졸라매고 땀 흘려 엄청
난 노력을 했습니다. 그 결과 의식주 중 이제 먹고 입는 문제, 큰 걱정 없

대한주택공사의 기네스북 등재 예정 신문 기사
1991년 8월 21일의 「경향신문」 기사는 대한주택공사(오늘날, LH 한국토지주택공사)가 '한해 아파트 최다
건설 기록'으로 1992년의 기네스북 등재가 유력시 되는 소식을 전하고 있다. 이 기사에 따르면, 대한주택공
사의 1991년 아파트 건설 계획 물량은 총 84,397가구에 이르게 되어, 일본의 주택도시정비공단이 1971
년 기네스북에 오른 83,601가구 건설 기록을 능가하게 된다. 대한주택공사는 1962년 7월에 설립되어 30
여 년 동안 616,457가구의 아파트를 건설하였는데, 1990년 전후의 200만호 건설 기간 동안 세계 최고
기록을 갱신할 만큼 많은 주택을 건설하였다. 더욱이 대한주택공사의 1992년 아파트 건설 계획 물량은 총
95,000여 가구로서, 1991년 자신들의 기네스북 등재 예정 기록을 크게 상회하고 있다. 하지만 실제로는
중앙정부의 9.4 건설투자적정화대책 등에 따른 건축 규제로 인해 1991년 건축 예정 물량이었던 4만 가구
의 공공주택을 1992년으로 연기하게 되어, 대한주택공사는 결국 66,531가구의 주택 건설로 기네스북에
등재되지 못하였다.

게 되었습니다. 이제부터 내 집을 가지겠다는 모든 보통 사람들의 꿈이 이루어지도록 이 사람 획기적인 정책을 추진해 나가려 합니다. … 중산층 이상의 주택 택지 공급을 원활히 하여 시장 기능에 의해 건설이 활성화 되도록 할 것입니다. 특히 국민주택 규모의 주택은 주택은행 등을 통한 금융 지원을 늘려 건설을 촉진할 것입니다. 이렇게 하여 임기 중 200만호의 주택을 짓겠다는 공약을 실천하여 약 1,000만 명의 우리 국민이 새 집에 입주하게 할 것입니다."

1기 신도시와 200만호 건설의 시작 및 경과

도시의 주택 문제는 비단 1980~1990년대만의 문제는 아니었지만, 1980년대 말에 주택 문제가 대통령을 비롯한 청와대에서까지 중요하게 다루어진 당시의 주거 상황을 이해할 필요가 있다. 1987년 12월 말 주택보급률은 전국적으로 69.2%인데 비해, 서울은 50.6%에 불과한 수준이었다. 특히 서울을 중심으로 주택의 높은 잠재 수요에 비해, 가용 택지의 절대적 부족으로 주택 공급은 지지부진하였다. 이와 같은 상황 속에서 86 아시안게임과 88 올림픽 이후 주택 가격은 폭등하기 시작하였으며, 고급 아파트를 중심으로 아파트 투기가 발생하기 시작하였다. 일례로 1975년에서 1988년까지 국민 소득, 즉 실질 GNP의 증가는 3배에 지나지 않았으나, 주택 가격은 무려 10배 이상 상승하였다.[3] 다시 말해, 1980년대 말 주택 문제는 정권 안정과 체제 유지를 위한 급선무 과제로 부상하였다.

1987년 12월에 치러진 대통령 직접 선거에서 노태우 후보는 당선을 위한 정치적 수사로 200만호 주택 건설을 핵심 공약으로 내세웠다.[4] 12.12 군사 반란의 주역으로서, 정치적 민주화에 대한 아킬레스건을 과감한 주택 공급 및 사회 복지 정책으로 극복하려 한 것이다. 더욱이 노태우 후보는 대통령으로 당선된 이후에도 "박정희 대통령은 1970년대 도로를 뚫은 '길 대통령'이라면 나는 주택을 짓는 '집 대통령'으로 남고 싶다"는 강력한 포부를 가지고 있었다.[5] 이에 따라 청와대 주도의 대규모 주택 공급 정책으로 1기 신도시와 200만호 건설 계획이 추진되었으며, 흡사 군사 작전에 가까운 철저한 기밀과 살인적 일정 그리고 이를 실행하기 위한 강력한 돌관 공사가 시행되었다.

청와대는 1기 신도시와 200만호 건설 계획의 핵심 주체로서 신도시 개발 구상 및 입지 선정에 깊이 관여하였다. 아래의 '분당 신도시 주요 추진 경위'에 나와 있는 것처럼, 청와대에서 공식적으로 신도시 건설을 검토한 지 한 달 만에 택지개발예정지구가 지정되었으며, 이로부터 석 달이 채 되지 않아 개발 계획 구상안이 수립되었다. 일례로 지금으로부터 20여 년 전 서울대학교 건축학과 수업에서 나는 1기 신도시 설계를 책임 졌던 교수님들의 제도판이 심지어 청와대에 있었다는 이야기까지 들었다. 이뿐만 아니라, 신도시의 설계 및 건설과 분양은 선후 관계를 명확하게 분리하기 어려울 정도로 동시에 진행되었다. 200만호 주택 건설은 당초 목표보다 1년 앞선 1991년 말에 완료되었으며, 1992년까지 총 271만 7000호가 건설되었다. 결과적으로 1기 신도시에 지어진 약 30만호의 주택은 당시 서울에 있던 주택 136만호의 22.1%에 이르는 규모였으며, 1988~1991년 사이에 전국적으로 지어진 200만호 이상의 주택은 1987년 대한민국의 총 주택 수 약 645만호의 30%가 넘는 엄청난 수치였다.[6] 1기 신도시와 200만호 건설은 실로 대한민국의 역사를 넘어서, 한반도의 주택 역사상 없었으며, 앞으로도 없을 전무후무한 최대의 주택 공급 프로젝트였다.

분당 신도시 주요 추진 경위[7]

1989. 02. 24. 노태우 대통령 '보통 사람들의 밤'에서 200만 호 주택 건설 천명
1989. 04. 04. 청와대 '서민주택건설실무기획단' 택지 개발 전략 검토
1989. 04. 10. 청와대 '서민주택건설실무기획단' 신도시 개발 구상 및 입지 기준 검토
1989. 04. 12. 한국토지공사, 분당에 대한 개발 구상(안)을 청와대, 건설부에 제출
1989. 04. 15. ~ 04. 17. 신도시 후보지에 대한 세부적인 개발 구상 작업 및 검토 보고서 작성
1989. 04. 20. 서울권의 대단위 주택 단지 개발 계획 내통령 재가
1989. 04. 27. 분당·일산 신도시 건설 계획 발표
1989. 05. 04. 택지개발예정지구 지정
1989. 07. 29. 개발 계획 구상안 수립
1989. 09. 09. 시범단지 현상공모안 당선작 발표
1989. 11. 26. 시범단지 아파트 1차 분양
1991. 09. 30. 시범단지 입주 개시

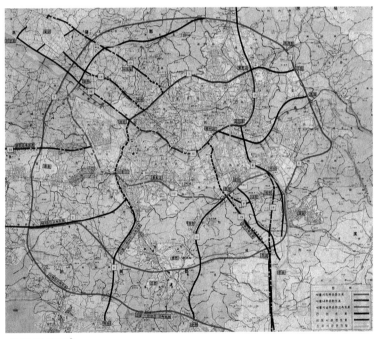

1기 신도시 위치도[8]

1기 신도시 위치도는 1989년에 작성된 지도로, 5대 신도시(분당, 일산, 평촌, 산본, 중동)의 정확한 위치와 교통망 계획을 보여준다. 5대 신도시 부지는 노란색으로 선명하게 표시되어 있으며, 5대 신도시 모두 붉은색으로 그려진 서울외곽순환도로의 경계 부근에 위치하고 있음을 알 수 있다. 이것은 1기 신도시의 입지 선정에서 서울로 1시간 이내 출퇴근이 가능한 거리로 서울 도심으로부터 20~25km의 위치가 중요하게 고려되었기 때문이다. 한편 1기 신도시의 크기를 보면, 분당과 일산이 다른 1기 신도시인 평촌, 산본, 중동에 비해 3~4배 이상으로 크기가 크다는 것을 알 수 있다.

표16. 1기 신도시 건설 사업 비교[9]

구분	분당	일산	평촌	산본	중동	전체
위치	성남시	고양시	안양시	군포시	부천시	
면적(천m²)	19,639	15,736	5,106	4,203	5,456	50,140
수용 인구(만 명)	39.0	27.6	16.8	16.8	16.6	116.8
인구 밀도(인/ha) (총 인구/총 면적)	199	175	329	399	304	233
개발 밀도(인/ha) (총 인구/주거+상업 용지)	489	425	795	844	678	556
주택 건설(천 호) (공동 주택)	97.6 (94.6)	69 (63.1)	42 (41.4)	42 (41.4)	41.4 (40.5)	292 (281)
용적율(%)	184	169	204	205	226	
도로 건설(km) (노선 수)	82.8 (11)	51.4 (7)	69.6 (3)	0 (6)	28.4 (10)	232.2 (37)
전철(km)	25.1	21.1	15.7			62
최초 입주	1991. 9	1992. 8	1992. 3	1992. 4	1993. 2	
사업 기간	1989. 8. ~ 1996. 12.	1990. 3. ~ 1995. 12.	1989. 8. ~ 1995. 12.	1989. 8. ~ 1995. 1.	1990. 2. ~ 1996. 1.	
총 사업비(천억 원)	41.6	26.6	11.8	6.3	18.4	104.7
사업 진행자	토지공사	토지공사	토지공사	주택공사	부천시 주택공사 토지공사	

1기 신도시와 200만호 건설의 계획 지향과 공간 실험

1기 신도시와 200만호 건설의 계획 지향은 중심 도시에의 도시적 종속 및 기능적 공간 구성에서 찾을 수 있다. 우선 1기 신도시의 입지 선정 요인에서 서울에의 도시적 종속을 분명하게 확인할 수 있다. 1기 신도시의 입지 선정에는 크게 두 가지 기준이 작용했다. 첫째는 서울로 1시간 이내 출퇴근이 가능한 서울 도심으로부터 20~25km 이내 위치한 지역이며, 둘째는 서울의 주택 수요 흡수를 위한 주택 10만호 이상 건설이 가능한 300만평 이상의 비교적 넓은 지역이다.[10] 한편 1기 신도시의 토지이용계획 역시 입지 선정 논리와 동일한 맥락을 보여주는데, 전체 토지의 대부분은 주거지역과 도로에 할당되어 있으며, 신도시의 자족성을 담보하는 업무 및 상업지역의 비중은 상당히 떨어지는 베드타운bed town의 특징을 보인다. 이것은 1기 신도시와 200만호 건설이 본질적으로 중심 도시에 의존하고 종속하는 계획 방향으로 근교의 도시화가 추진되었음을 보여주는 것이라 할 수 있다.

1기 신도시와 200만호 건설의 공간 실험은 크게 도시적 차원과 단지 및 건축적 차원으로 나누어 설명할 수 있다. 도시적 차원에서 1기 신도시의 도시 공간 구성은 앞의 계획 지향과 동일한 맥락을 보인다. 서울과 연결되는 주간선도로 및 지하철역 인근에 중심 지역이 형성되었고, 서울로의 교통 접근성을 가장 중요시하는 기능적 공간 배치가 시도되었다. 주거지역에서는 아파트 단지마다 초·중·고등학교가 커뮤니티의 거점 시설로 고르게 배치되는 공간 구성이 나타난다. 단지 및 건축적 차원에서의 공간 실험은 분당시범단지의 사례에서 분명하게 나타나는데, 분당시범단지는 비록 건설 회사의 주도로 도시설계가 수행되었지만 저층 커뮤니티 시설과 중층 및 고층의 아파트 주동이 조화를 이루는 공간 구성을 보여준다. 분당시범단지는 4개의 주거 블록과 이를 연계하는 1개의 생활

표17. 1기 신도시 토지이용계획 비교[11]

구분	분당		일산		평촌		산본		중동	
	천m²	%	천m²	%	천m²	%	천m²	%	천m²	%
주거 지역	6,350	32.3	5,261	33.4	1,931	37.8	1,811	43.1	1,877	34.4
상업 지역	914	4.7	443	2.8	185	3.6	161	3.8	568	10.4
업무 지역	726	3.7	790	5.0	62	1.2	17	0.4	–	–
공용 청사	166	0.8	92	0.6	150	2.9	100	2.4	168	3.1
학교	732	3.7	584	3.7	343	6.7	327	7.8	416	7.6
도로	3,860	19.7	3,290	20.9	1,187	23.2	639	15.2	1,412	25.9
공원/녹지	3,810	19.7	3,705	23.5	801	15.7	649	15.4	583	10.7
기타	3,081	15.7	1,571	10.0	447	8.8	499	11.9	432	7.9
합계	19,639	100.0	15,736	100.0	5,106	100.0	4,203	100.0	5,456	100.0

분당 신도시의 개발 계획도와 택지 개발 전후 사진

분당 신도시의 개발 계획도를 보면, 성남대로 및 지하철 분당선 그리고 탄천변을 따라 업무와 상업의 중심 지역이 선형으로 위치해 있으며, 이에 수직으로 맞닿아 아파트 단지 중심의 주거지역이 배치되어 있음을 볼 수 있다. 또한 주거지역의 아파트 단지마다 초·중·고등학교 등의 학교 시설이 커뮤니티의 거점 시설로 위치하고 있으며, 주거지역의 사이사이로 공원 및 녹지 등이 파고들어와 있는 것을 알 수 있다. 분당 신도시의 개발 이전 모습은 농경지 위주로 듬성듬성 마을이 위치하고 있음을 볼 수 있으며, 이후 1989년 시작된 택지 개발 사업으로 인해 물리적 변화가 전면적으로 일어난 것을 알 수 있다. 오늘날 분당 신도시는 택지 개발 사업 이후 30여 년이 흘러 도시 내에 공지를 발견하기 어려울 정도로 개발이 완료된 상태이며, 건조·사회·생태 환경이 성숙되어 있음을 알 수 있다.

공간의 탄생, 1970~2022

지원 블록으로 나눌 수 있는데, 이들 사이의 관계가 기능적으로 합리적이며, 공간적으로 편리한 방식으로 되어 있다. 또한 분당시범단지는 분당선의 서현역뿐만 아니라 주변의 중앙공원 및 율동공원과의 접근성도 뛰어나서 높은 정주 환경을 제공하고 있다. 이것은 1기 신도시와 200만호 건설이 본질적으로 기능적인 공간 배치와 구성을 추구하였음에도 불구

분당 시범단지 아파트 설계공모 당선작과 분양 계획
분당 시범단지 아파트는 분당 신도시 최초의 아파트 단지로 분당 신도시 건설 계획 발표 3개월 후에 설계공모가 공고되었다. 이로부터 한 달 후에 당선작이 결정되었고, 그로부터 다시 2년 후에 입주가 이루어졌다. 분당 시범단지 아파트 설계공모에서는 전원도시 속의 거주성을 표방하는 한국토지개발공사의 공모 공고가 인상적으로 보인다. 한편, 현대산업개발은 저층 커뮤니티 시설과 중층 및 고층의 아파트 주동이 조화를 이루는 도시설계 아이디어를 바탕으로 전체 시범단지의 설계공모 최우수작으로 선정되었다. 이후, 분당 시범단지 아파트의 청약 및 분양은 4대 일간지에서 중요하게 다루어질 정도로 당시에 많은 사람들의 관심을 끌었다.

하고, 주변 환경과 자원 역시 직간접적으로 고려하였음을 보여주는 것이라 할 수 있다.

1기 신도시와 200만호 건설 이후의 주택 그리고 오늘날

1기 신도시와 200만호 건설은 대한민국의 주택 역사에서 실로 중요한 분수령을 이룬다. '표18'에서 보는 바와 같이, 1980~1990년대 근교의 도시화로서 1기 신도시와 200만호 건설은 철저하게 수도권 주택 공급 및 서울의 인구 분산을 위한 것이었다. 청와대 주도의 대규모 주택 공급 정책은 사실 표면적으로 대단한 성공을 이루었다. 단기적으로 1990년대 부동산 시장의 안정과 자가를 보유한 중산층 형성에 기여하였을 뿐만 아니라, 연간 50만호에 이르는 비교적 양질의 주택 건설 능력도 확보하게 되었다. 장기적으로 보더라도 1기 신도시와 200만호 건설은 불과 5년 이내의 단시간 내에 추진되었지만, 30여 년이 흐른 오늘날에도 1기 신도시의 생활 만족도는 높은 편이며, 대외적으로도 우리의 아파트와 신도시는 외국에 통째로 수출되는 상품이 되었다.

그럼에도 불구하고 1기 신도시와 200만호 건설은 오늘날 대한민국의 기울어진 운동장으로서 공간적 양극화 초래에 기여하였다는 점은 커다란 문제라 할 수 있다. 이를테면, 1기 신도시와 200만호 건설은 서울을 중심으로 하는 수도권을 더욱 공고하게 만들었으며, 아파트 단지를 중심으로 획일적인 주거 문화를 형성하였다. 2015년 기준으로, 대한민국 인구의 절반 이상이 수도권에 살고 있으며, 60% 이상이 아파트에 거주하고 있다.[12] 더욱이 이와 같은 공간적 패권은 좀처럼 흔들리지 않고 현재 진행형이다. 결과적으로 1980~1990년대 근교의 도시화는 소위 서울공화국, 신도시공화국, 아파트공화국 등의 공간을 탄생시켰다. 더욱이 우리에게

표18. 대한민국 신도시의 시기 및 목적별 비교[13]

구분		1960	1970	1980	1990
산업 도시 산업 기지 배후 도시		울산(1962) 포항(1968)	구미(1973) 창원·여천(1977)	광양(1982)	
대도시 문제 해결	서울의 불법 주택 철거, 이전	성남(1968)			
	서울의 공해 공장 이전		반월(1977)		
	수도권 주택 공급, 서울 인구 분산			분당·일산(1989) 평촌·산본(1989)	중동(1990)
	서울 도심 기능 분산, 주택 공급		잠실(1971)	목동(1983) 상계(1986)	
연구 학원 도시			대덕(1974)		
낙후 지역 거점 개발			동해(1978)		

는 부동산 불패의 뿌리 깊은 의식이 형성되었으며, '조물주 위에 건물주', '천당 위에 분당'처럼 부동산을 통해 계층이 양극화되고 영속화되는 사회적 문제마저 발생하고 있다.

1기 신도시와 200만호 건설의 리질리언스 평가 및 해석

1기 신도시와 200만호 건설은 청와대의 강력한 주도로 1988년에서 1992년 사이에 급속하게 추진되었지만, 아파트 단지를 중심으로 하는 신도시 건설은 오늘날에도 여전히 지속되고 있다. 노무현 정부(2003~2008)는 행정중심복합도시 및 지방 혁신도시와는 별도로 2006년부터 2기 신도시(성남 판교, 화성 동탄, 김포 한강, 파주 운정, 수원 광교, 인천 검단 등) 사업을 추진하였으며, 문재인 정부(2017~2022) 역시 도시재생 사업과는 별도로 2018년부터 3기 신도시(남양주 왕숙, 하남 교산, 인천 계양, 고양 창릉, 부천 대장 등) 사업을 추진하였다. 아마도 1기 신도시와 200만호 건설이 우리에게 미친 가장 중요한 변화는 우리가 도시를 만들 수 있으며, 우리의 주택은 아파트이고, 우리의 마을은 아파트 단지라는 인식의 변화일 것이다.

표19. 1기 신도시와 200만호 건설의 리질리언스 평가 및 해석[14]

	1기 신도시와 200만호 건설 이전	1기 신도시와 200만 호 건설 시기 (1988~1992)	1기 신도시와 200만 호 건설 이후
건조 환경	r→K: 성장의 시기 근교 마을 변화 및 성장	K→Ω: 체제 변환의 시기 도시 건조 환경으로 급변	Ω→K: 재구성/성장의 시기 도시 건조 환경 성숙 및 쇠퇴
사회 환경	r→K: 성장의 시기 근교 인구 유지 및 성장	K→Ω: 체제 변환의 시기 도시 인구 구성으로 전환	Ω→K: 재구성/성장의 시기 도시 인구 성장 및 고령화
생태 환경	r→K: 성장의 시기 근교 생태계 성장	K→Ω: 체제 변환의 시기 도시 생태계로 전환	Ω→K: 재구성/성장의 시기 도시 생태계 재구성 및 성장

1기 신도시와 200만호 건설의 리질리언스 평가 및 해석을 위해, 1기 신도시와 200만호 건설 이전과 건설 시기, 건설 이후의 3가지 상태로 살펴볼 필요가 있다. 1기 신도시와 200만호 건설은 한반도에서 주택이 지어지고 정주 환경이 조성된 이래로 근교에서 일어난 가장 큰 물리적 변화에 해당할 것이다. 더욱이 이와 같은 주택사적 전환이 전국적으로 5년도 채 되지 않는 시간 동안 일어났으며, 이후로는 사실상 별다른 변화가 없는 편이다. 1기 신도시와 200만호 건설은 근교의 건조·사회·생태 환경의 체제 변환Regime Shift을 일으킨 사건이었다. 이후 근교의 건조·사회·생태 환경은 재구성 및 성장의 시기로 진행되고 있다. 구체적으로 근교의 건조 환경과 사회 환경 및 생태 환경은 '표19'에서 보는 것과 같이 상호 긴밀한 관련을 맺고 있다. 이제 1기 신도시와 200만호 건설 이후 30여 년이 흘러 수도권의 신도시뿐만 아니라 전국적으로 200만호의 주택들은 재건축 또는 재정비의 시기에 도달하고 있다. 현재 1기 신도시 재건축에 대한 논의는 해당 도시의 입주민들뿐만 아니라, 우리 사회 전체적으로 그리고 정치적으로도 중요하게 다루어지고 있다. 우리는 이제 어떠한 선택을 할 것인가? 다시 한 번 고밀도의 강화인가, 아니면 현재 밀도의 유지인가, 그것도 아니면 저밀도로의 회귀인가? 우리의 선택이, 우리의 미래를 그리고 우리의 리질리언스를 결정할 것이다.

1. "근교", 표준국어대사전, 2024년 12월 1일 접속(https://ko.dict.naver.com/#/entry/koko/ec9e80ed1fd7488794a60bb7fa066a8c)

2. 노태우, "국민이 강해야", '보통 사람들의 밤'에서의 총재 연설, 1989년 2월 24일, 2024년 12월 1일 접속(https://pa.go.kr/research/contents/speech/index.jsp)

3. 김관영, "주택 200만호 건설계획의 평가", 『국토정보』 1992년 5월호, pp.14~22.

4. 저자 미상, "어중간하게 150만호가 뭡니까", 대한민국 정책브리핑 2007년 3월 2일, 2024년 12월 1일 접속(http://www.korea.kr/special/policyFocusView.do?newsId=148620166&pkgId=49500196#goList)

5. 국정브리핑 특별기획팀, 『대한민국 부동산 40년』, 한스미디어, 2007, pp.129~130.

6. 국토개발연구원, 『주택 200만호 건설계획의 성과와 향후 주택정책의 방향에 관한 정책토론회 결과보고서』, 1992, p.20.

7. 한국토지공사, 『분당신도시 개발사』, 한국토지공사, 1997, pp.48~57.

8. "1기 신도시", 나무위키, 2024년 12월 1일 접속(https://namu.wiki/w/1%EA%B8%B0%20%EC%8B%A0%EB%8F%84%EC%8B%9C)

9. 국토교통부, "제1기 신도시 건설안내", 정책자료 2015년 10월 27일, 2024년 12월 1일 접속(http://www.molit.go.kr/USR/policyData/m_34681/dtl?id=523)

10. 한국토지공사, 『분당신도시 개발사』, 한국토지공사, 1997, p.56.

11. 국토교통부, "제1기 신도시 건설안내", 정책자료 2015년 10월 27일, 2024년 12월 1일 접속(http://www.molit.go.kr/USR/policyData/m_34681/dtl?id=523)

12. 김충호, "한국 도시화의 일상적 현황: 밀도의 향연", 『환경과조경』 2019년 3월호, pp.110~117.

13. 한국토지공사, 『분당신도시 개발사』, 한국토지공사, 1997, p.51.

14. 본 표에서 사용한 리질리언스 이론의 용어 및 개념은 '6장. 1970년대 공간의 탄생: 농촌의 도시화'에 상세하게 서술하였음.

08.

2000년대
공간의 탄생:
지방의 도시화

지방을 살려라

앞서 한국 도시화 50년의 두 번째 공간 사례로서 '1980~1990년대 공간의 탄생: 근교의 도시화'에 대해 1기 신도시와 200만호 건설을 중심으로 살펴보았다. 이번 장에서는 한국 도시화 50년의 세 번째 공간 사례로 '2000년대 공간의 탄생: 지방의 도시화'에 대해 살펴본다. 이를 위해 지방과 지방의 도시화에 대한 개념적 이해로부터 시작하고자 한다. 지방地方(province)은 구체적으로 '①어느 방면의 땅, ②서울 이외의 지역, ③중앙의 지도를 받는 아래 단위의 기구나 조직을 중앙에 상대하여 이르는 말'을 뜻한다.[1] 다시 말해, 지방은 서울, 수도권 또는 중앙 등에 대한 상대적 개념으로서, 서울 이외, 수도권 이외, 또는 중앙 이외의 지역으로 정의 내릴 수 있다. 흥미로운 것은 지방이라는 개념이 사실 우리에게는 상당히 익숙하지만, 미국과 같이 주별 또는 지역별 자치권이 분명한 연방 국가에서는 지방이라는 개념 자체가 낯선 편이어서 이를 설명하거나 번역하기가 용이하지 않다는 것이다. 이와 같은 우리의 맥락에서, 지방의 도시화는 서울 이외의 지역에서 일어나는 도시화라고 할 수 있다.

2000년대 지방의 도시화는 역설적으로 서울과 서울 이외 지역의 도시화가 커다란 차이가 있었음을 시사한다. 다시 말해, 2000년대에 이르면서 중앙정부는 더 이상 서울과 지방의 도시화 격차를 묵과할 수 없게 되었다는 것이다. 우리의 옛말에 "말은 나면 제주도로 보내고, 사람은 나면 서울로 보내라"는 속담이 있음에도 불구하고, 서울 중심의 절대적인 공간 패권은 1962년 이후의 급속한 도시화로 인해 나타나게 되었다.[2] 이와 같은 서울의 과밀 및 국토 불균형 문제는 이미 1970년대 초반부터 국가의 중요한 공간 정책으로 다루어지기 시작했는데, 1971년 7월 도시계획법 상에 서울을 포함한 수도권 일부 지역에 지정된 개발제한구역(그린벨트, Green Belt)이 그것이다. 급기야 1977년에 이르러서 박정희 정부는 '행정수도 건설을 위한 백지계획'을 추진하였으나, 1979년 10월 26일 박정희 대통령의 서거 이후 사실상 용도 폐기되었다. 하지만 이와 같은 행정수도의 흐름은 서울, 과천에 이은 제3청사로서 대전정부청사의 1993년 착공 및 1998년 입주로 이어졌다. 마침내 행정수도의 본격적 건설 흐름은 2002년 12월 19일에 치러진 16대 대통령 선거에서 중요한 정치적 의제로 작동하였다. 당시 노무현 대통령 후보는 2002년 9월 30일의 '대중앙선거대책본부 출범식'에서 낡은 권위주의 정치 청산, 부정부패의 특권주의 근절, 서민 생활 안정 및 지속적인 경제 발전에 이어 네 번째 핵심 공약으로 충청권에 행정수도 건설 및 청와대와 중앙부처의 이전 등을 다음과 같이 천명하였다.[3] "국민들은 저에게 요구하고 있습니다. 그것은 바

노무현 대통령 후보의 신행정수도 건설 관련 특별 기자회견
2002년 12월 8일, 대통령 선거를 열흘 앞둔 노무현 대통령 후보는 대전에서 신행정수도 건설 관련 특별 기자회견을 가졌다. 신행정수도의 개략적인 입지조차 선정되기 전이었는데, 충청권에 신행정수도 건설을 공식화한 것은 충청도의 표심이 대통령 선거에 중요한 역할을 할 수 있었기 때문이다. 실제로 신행정수도 건설은 노무현 대통령 후보의 가장 구체적이며 영향력이 큰 공약 중의 하나였으며, 대통령 선거에서도 노무현 후보가 이회창 후보를 57만여 표의 간발의 차이로 앞서 승리하는 데에 중요한 기여를 한 것으로 판단된다. 하지만 신행정수도 건설은 노무현 정부의 임기분만 아니라, 후임 이명박 정부와 박근혜 정부의 재임 기간에도 정국을 가장 큰 혼돈의 시간으로 몰아넣은 중요한 사건이었다.

로 권위주의 정치와 특권주의의 청산, 서민 생활의 안정과 지속적인 경제 발전, 그리고 남북 평화 체제 구축을 통한 희망찬 새 시대를 열어 달라는 것입니다. 저는 분명히 약속합니다. … 넷째, 한계에 부딪힌 수도권 집중 억제와 낙후된 지역 경제의 근본적 해결을 위해 충청권에 행정수도를 건설, 청와대와 중앙부처를 옮겨가겠습니다. 수도권 집중과 비대화는 더 이상 방치할 수 없는 상황에 이르렀습니다. 국가적 결단이 필요합니다. 고속철의 건설과 정보화 기술의 발전, 청주국제공항 등은 행정수도 건설의 여건을 성숙시키고 있습니다. 특히 청와대 일원과 북악산 일대를 서울 시민에게 되돌려 줌으로써 서울 강북지역의 발전에 새 전기를 마련하겠습니다."[4]

행정중심복합도시와 지방 혁신도시의 시작 및 경과

행정중심복합도시와 지방 혁신도시의 시작은 주지한 바와 같이 수도권 과밀과 이로 인한 국토 불균형의 문제에 있었다. 이에 노무현 정부는 국가 균형 발전을 위한 지방 분권의 정책을 강력하게 시행하고자 하였으며, 실제로 노무현 정부의 초기 신행정수도 구상에는 청와대를 비롯한 중앙 부처의 선제적 이동과 함께 사실상 천도 수준의 행정수도 건설을 추진하였다. 이에 따라 노무현 정부는 신행정수도의 건설에 따른 서울 및 수도권 그리고 야당 등의 예상되는 저항에 대한 돌파구로서 일반법에 우선 적용되는 여러 특별법을 제정·공포하였다. 예를 들면, 국가균형발전특별법(2004), 신행정수도건설을 위한 특별조치법(2004), 지방분권특별법(2007)의 국토균형발전 3대 특별법뿐만 아니라, 이후 공공기관 지방 이전에 따른 혁신도시 건설 및 지원에 관한 특별법(2007)도 제정·공포하였다.[5]

공간의 탄생, 1970~2022

행정중심복합도시의 도시 개발 전후 사진

행정중심복합도시가 위치한 충청남도 연기군과 공주시 일원에는 본래 금강 변을 따라서 장남평야가 위치해 있었다. 당시의 장남평야 일원은 현재 정부세종청사와 중앙녹지공간 등이 위치해 있으며, 이를 둘러싸고 고층의 아파트들이 환상형으로 에 워싸는 공간적 특징이 있다. 행정중심복합도시에 반년 이상 직접 살아본 경험에 의하면, 국내 최고 수준을 자랑하는 52%의 녹지율과는 대조적으로, 일반적으로 25층 이상에 이르는 수많은 고층 아파트들로 인해 행정중심복합도시는 농촌과 도시가 직접 맞닿아 있는 듯한 독특한 경관적 특징을 보인다.

하지만 이와 같은 특별법은 오히려 헌법소원의 제기를 통해 정국을 혼돈의 시간으로 몰아넣었으며, 정권 유지마저 위태로워지게 만든 법적·정치적 공방이 여러 차례 있었다. 이를테면 2004년 10월 21일에, 신행정수도건설을 위한 특별조치법(2004)은 관습헌법에 위배된다는 이유로 헌법재판소로부터 위헌 확인 결정되었으며, 이후 2005년 3월 2일에는 국회 본회의 의결을 통해 신행정수도는 행정중심복합도시라는 새로운 명칭 하에 추진되게 되었다. 그럼에도 불구하고 2005년 6월 15일에는 행정중심복합도시법에 대한 새로운 헌법소원이 다시금 제기되었으나, 이것은 각하 결정되었다. 이뿐만 아니라 이명박 정부(2008~2013)의 출범 이후에는 행정중심복합도시의 자족 기능 보완을 명분으로 행정중심복합도시를 무력화하는 수정안이 제기되기도 하였다. 이와 관련하여, 당시에 유력한 대권 후보자들이었던 정운찬 국무총리와 박근혜 한나라당 전 대표 사이에는 정치적 갈등이 상당하였으며, 실제 국회 본회의의 표결 대결까지 이어졌으나 행정중심복합도시의 원안 고수가 결정되었다.[6]

행정중심복합도시와 지방 혁신도시의 계획 지향과 공간 실험

행정중심복합도시와 지방 혁신도시는 국토 균형 발전을 목표로 한다는 공통점이 있지만, 신행정수도를 지향하면서 출발한 행정중심복합도시와 지역의 성장 거점 도시를 추구한 지방 혁신도시는 사실상 본질적으로 위상의 차이가 있다. 더욱이 행정중심복합도시가 2003년부터 본격화된 것에 비해, 지방 혁신도시는 2007년에 이르러 본격화되었다. 이에 행정중심복합도시를 중심으로 계획 지향과 공간 실험의 실체에 대해 살펴보고자 한다. 행정중심복합도시는 '국가 균형 발전을 선도하는 지속가능한 모범 도시를 조성'한다는 도시 건설의 목적과 이념 하에 '조화로운 민주

행정중심복합도시 주요 추진 경위[7]

2003. 04. 14. 신행정수도건설추진기획단·지원단 발족(건설교통부)
2004. 04. 10. 신행정수도건설을 위한 특별조치법 제정·공포(대통령령 제18364호)
2004. 07. 12. 신행정수도건설을 위한 특별조치법 헌법소원 제기
2004. 08. 10. 주요 국가기관(행정부) 이전계획(안) 확정·고시
2004. 08. 11. 신행정수도 건설 최종 입지 확정
2004. 10. 21. 헌법재판소, 신행정수도의 건설을 위한 특별조치법 위헌 결정(8:1)
2004. 12. 23. 신행정수도후속대책 특위 구성
2005. 03. 02. 국회, 신행정수도 후속대책을 위한 연기·공주지역 행정중심복합도시 건설을 위한 특별법
(이하, 행복도시법) 본회의 의결
2005. 04. 07. 행정중심복합도시건설추진위원회 출범, 사업 착수
2005. 05. 24. 건설 예정지역과 주변지역 지정·고시
2005. 05. 27. ~ 2005. 11. 15. 도시개념 국제공모(행복청, LH공사)
2005. 06. 15. 행복도시법 헌법소원 제기
2005. 10. 05. 중앙행정기관 등의 이전계획 수립·고시(행자부 제2005-9호)
2005. 11. 24. 행복도시법 헌법소원 각하 결정(7:2)
2006. 09. 04. 중앙행정기관 등의 단계별 이전기관 선정(국무총리 승인)
2006. 08. 03. ~ 2007. 03. 15. 정부청사 공간계획 수립 및 설계지침 작성
2006. 08. 30. ~ 2007. 01. 19. 중심행정타운 조성 국제공모(행자부, 행복청, LH공사)
2007. 06. 07. ~ 2007. 10. 22. 중심행정타운 당선작 구체화·현실화를 위한 실천전략수립 용역 추진
2008. 07. 21. ~ 2010. 06. 29. 행복도시 자족기능 보완방안 필요성 제기에 따른 사업지역(2년)
2012. 09. 14. ~ 2012. 12. 30. 정부세종청사 1단계 이전
2013. 12. 13. ~ 2013. 12. 29. 정부세종청사 2단계 이전
2014. 12. 12. ~ 2014. 12. 26. 정부세종청사 3단계 이전
2015. 11. 01. 정부청사관리소 이전 완료(조직 개편에 따라 정원 248명 이전)

표20. 행정중심복합도시 건설 예산 집행 현황(2017년 4월 30일 기준)[8]

구분		1단계 (2007~2015)	2단계 (2007~2015)	3단계 (2021~2030)	합계 (조 원)	집행액
정부 부담분: 8.5조 원	광역 교통 시설 등	1.80	1.35	–	3.15	1.86
	광역 교통 시설	1.35	1.35	–	2.70	1.86
	특수 시설 (방호 시설 등)	0.45	–		0.45	–
	공공 건축	4.23	0.4	0.72	5.35	2.91
	중앙 행정 시설	1.60	–	–	1.60	1.82
	지방 행정/복지/ 문화/교육 등	2.41	0.4	0.72	3.53	1.09
	기타 시설	0.22	–	–	0.22	–
	소계(조 원)	6.03	1.75	0.72	8.50	4.77
LH 부담분 (사업 시행자): 14조 원	도시 기반 조성	10.99	1.69	1.32	14.00	8.90
	용지 보상	4.84	0.11	0.06	5.01	4.50
	부지 조성, 기반 시설	6.15	1.58	1.26	8.99	4.40
	소계(조 원)	10.99	1.69	1.32	14.00	8.9
합계(조 원)		17.02	3.44	2.04	22.50	13.67

도시', '편리한 선진 도시', '시민 중심 열린 도시', '역사와 문화가 살아있는 아름다운 도시', '환경이 보전되는 지속가능한 도시', '재해에 안전한 도시'에 이르는 6가지의 도시 건설 부문별 목표를 설정하였다.[9] 이에 따라, 2030년에 인구 50만의 도시를 목표로 충청남도 연기군 남면·금남면·동면 일원과 공주시 장기면·반포면 일원의 72.91km²(약 2,200만평) 부지에 '초기 활력 단계(2007~2015)', '자족적 성숙 단계(2016~2020)', '완성 단계(2021~2030)'의 3단계 시행 계획에 따라 추진되고 있다.[10]

행정중심복합도시의 공간 실험은 흥미롭게도 여러 국제공모 및 국내 설계공모를 통해 구체화되었다. 이 중에서 국제공모는 도시개념, 첫마을, 중심행정타운, 중앙녹지공간 등 도시 공간 구조를 결정하는 도시 건설 초기에 주로 시행되었다. 특히 2005년에 시행된 '도시개념 국제공모'에서 당선작으로 선정된 안드레스 페레아 오르테가Andres Perea Ortega의 'The City of the Thousand Cities'는 도시 한가운데가 비어 있는 중심 없는 도시로서의 환상형 도시 공간 구조를 제시하였으며, 이것이 반영되어 오늘날 행정중심복합도시의 원형으로 작용하게 되었다. 또한 '중앙행정', '문화·국제교류', '도시행정', '대학·연구', '의료·복지', '첨단지식기반'의 6개 생활권과 20여 개에 이르는 기초 생활권도 독특하며, 순환 대중교통축을 따라 운영되는 BRTBus Rapid Transit(간선 급행 버스 체계) 역시 인상적이다. 그럼에도 불구하고 오늘날 행정중심복합도시를 보면, 제일 먼저 건설되고 여러 시설이 위치해있는 1생활권이 중심 없는 도시의 실질적 중심으로서 역할을 수행하는 것을 알 수 있다. 한편 행정중심복합도시의 공간 실험은 오늘날에도 계속되고 있는데, 특히 5-1생활권은 국가 스마트시티 시범 도시로 선정되어, 국가적인 건축·도시·조경·기술 등의 실험장으로 역할하고 있다.[11] 하지만 이와 같은 다양하고 혁신적인

백지계획 보고서

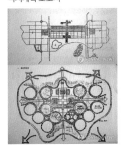
백지계획 종합계획도

백지계획 도시계획안

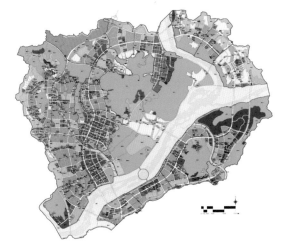

박정희 정부의 행정수도 백지계획과 노무현 정부의 행정중심복합도시 마스터플랜

1977~1980년까지 수립된 박정희 정부의 행정수도 백지계획은 서울의 인구 과밀과 북한의 안보 위협에서 행정수도를 이전하는 계획안이었다. 인구 50만명, 면적 약 2,500만평의 행정수도 후보지로는 충남 공주, 논산, 천안 등이 검토되었으며, 공주의 장기지구가 최종적으로 선정되었다. 공주의 장기지구는 오늘날 행정중심복합도시와 맞닿아 있는 지역이다. 박정희 정부의 행정수도 백지계획은 북쪽에 대통령 관저와 행정부가, 남쪽에 시청이, 동쪽에 입법부가, 서쪽에 사법부가 배치되는 십자형의 계획안으로서, 행정수도 한가운데 4곳의 국가기관이 만나는 위치에 대규모 인공호수와 함께 민족의 광장이 배치되었다.[12] 이와 같은 박정희 정부의 행정수도 백지계획은 30여 년이 흘러 다른 방식으로 구현된 노무현 정부의 행정중심복합도시 마스터플랜과 도시 형태와 배치에 있어 여러 대비를 이루고 있음을 알 수 있다.

표21. 행정중심복합도시 도시 지표 현황(2017년 4월 30일 기준)[13]

연도	총 인구수	공동 주택 공급 실적	BRT 1일 이용객 수	도로 연장	공원	학교	점포	총 사업비 집행률	건설 인력 투입 (연 인원)	공공 건축물
년	명	세대	명	km	개소	개소	개소	%	천 명	개소
2011	875	19,459	–	7	–	1	–	35	4,285	–
2012	19,438	37,179	–	30	–	7	237	43	6,899	10
2013	24,747	48,411	3,525	76	21	14	758	49	12,423	15
2014	59,552	63,153	8,248	103	34	29	2,448	53	17,672	21
2015	115,644	75,745	11,533	166	55	59	5,085	57	21,503	24
2016	146,653	91,146	13,626	189	77	66	5,692	60	25,412	28
2017	158,349	92,898	14,285	189	77	83	5,692	61	26,425	28

공간 실험이 최종적으로 어떠한 결과로 귀결될 지에 대해서는 보다 시간이 필요해 보인다.

행정중심복합도시와 지방 혁신도시 이후의 지방 그리고 오늘날

행정중심복합도시와 지방 혁신도시는 한국의 도시화 역사를 넘어 우리의 정치·사회적 역사에서 중요한 분수령을 이룬다. 더욱이 이와 같은 변화의 흐름은 앞으로도 지속될 것으로 예상되며, 최종적으로 대한민국의 공간적 패권 전환까지 이어질 수 있을지 관심을 모은다. 인류 역사상 한 개인이 자신이 생존하는 동안 수도가 바뀌거나 이에 준하는 사건을 목격하는 일은 흔치 않을 것이다. 대한민국의 수도 서울만 보아도 조선 건국으로 인한 1394년의 한양 천도 이후로 600여 년 이상 수도로서의 지위를 유지하고 있다. 따라서 중앙정부가 이와 같은 절대적인 공간 패권에 여러 문제를 제기하고, 이것을 적극적으로 해결하려고 노력하였다는 점은 상당히 긍정적인 시도였다고 판단된다. 그럼에도 불구하고 행정중심복합도시와 지방 혁신도시가 대한민국의 정치·사회적 대의와 논리를 넘어서, 국토 균형 발전의 거점으로서 앞으로의 역할을 수행할 수 있을지는 상당히 미지수다.

오늘날 행정중심복합도시와 지방 혁신도시는 수도권 과밀 인구와 산업 등을 분산하는 효과가 상당히 미흡한 편이다. 신행정수도, 행정중심복합도시 그리고 지방 혁신도시 등의 여러 정책과 사업이 시행되었지만, 이것들 모두가 공공기관의 지방 이전을 통해 만든 신도시 이상의 무슨 가치와 차이가 있는지 궁금해진다. 실제로 오늘날의 세종특별자치시를 방문해 보면 청사, 학교, 아파트 등을 제외한 다른 업무 및 상업시설 등이 미흡한 편이다. 아래 그림과 '표22'에서 보는 바와 같이, 수천 명에 불

강원(기관: 12개, 인원: 6,113명)

한국보훈복지의료공단, 대한적십자사, 대한석탄공사, 한국관광공사, 국립과학수사연구원, 한국광해관리공단, 도로교통공단, 건강보험심사평가원, 국민건강보험공단, 한국광물자원공사, 한국지방행정연구원, 국립공원관리공단

경북(기관: 12개, 인원: 5,561명)

한국도로공사, 한국교통안전공단, 기상청 기상통신소, 국립농산물품질관리원, 국립종자원, 대한법률구조공단, 조달청 조달품질원, 한국전력기술, 우정사업조달센터, 한국법무보호복지공단, 한국건설관리공사, 농림축산검역본부

충북(기관: 11개, 인원: 3,116명)

한국소비자원, 한국고용정보원, 정보통신정책연구원, 국가기술표준원, 한국가스안전공사, 법무연수원, 정보통신산업진흥원, 대외과학기술기획평가원, 한국교육개발원, 한국교육과정평가원, 국가공무원인재개발원

대구(기관: 11개, 인원: 3,438명)

한국교육학술정보원, 한국감정원, 한국사학진흥재단, 신용보증기금, 중앙신체검사소, 한국가스공사, 한국산업단지공단, 한국산업기술평가관리원, 한국정보화진흥원, 한국장학재단, 중앙교육연수원

전북(기관: 12개, 인원: 5,300명)

한국국토정보공사, 농촌진흥청, 한국전기안전공사, 국립농업과학원, 지방자치인재개발원, 한국농수산대학, 국립식량과학원, 국립원예특작과학원, 국민연금공단, 국립축산과학원, 한국출판문화산업진흥원, 한국식품연구원

경남(기관: 11개, 인원: 3,999명)

중앙관세분석소, 국방기술품질원, 중소기업진흥공단, 한국남동발전, 한국세라믹기술원, 한국산업기술시험원, 한국토지주택공사, 한국저작권위원회, 한국승강기안전공단, 주택관리공단, 한국시설안전공단

광주·전남(기관: 16개, 인원: 6,923명)

사립학교교직원연금공단, 한국농어촌공사, 농식품공무원교육원, 한국농수산식품유통공사, 한국문화예술위원회, 한국콘텐츠진흥원, 한국방송통신전파진흥원, 국립전파연구원, 한국전력공사, 한전KDN, 한전KPS, 한국전력거래소, 우정사업정보센터, 한국농촌경제연구원, 한국인터넷진흥원, 농림식품기술기획평가원

울산(기관: 9개, 인원: 3,148명)

에너지경제연구원, 근로복지공단, 고용노동부 고객상담센터, 한국산업인력공단, 한국산업안전보건공단, 한국동서발전, 한국석유공사, 국립재난안전연구원, 한국에너지공단

부산(기관: 13개, 인원: 3,122명)

국립해양조사원, 주택도시보증공사, 한국자산관리공사, 한국주택금융공사, 한국예탁결제원, 영화진흥위원회, 영상물등급위원회, 게임물관리위원회, 한국청소년상담복지개발원, 한국남부발전, 국립수산물품질관리원, 한국해양수산개발원, 한국해양과학기술원

제주(기관: 6개, 인원: 717명)

국토교통인재개발원, 국립기상과학원, 국세공무원교육원, 국세청 국세상담센터, 국세청 주류면허지원센터, 공무원연금공단

세종(기관: 19개, 인원: 4,098명)

국가과학기술연구회, 한국법제연구원, 한국조세재정연구원, 경제·인문사회연구회, 과학기술정책연구원, 대외경제정책연구원, 산업연구원, 한국개발연구원, 한국교통연구원, 한국노동연구원, 한국보건사회연구원, 한국직업능력개발원, 한국청소년정책연구원, 한국환경정책평가연구원, 선박안전기술공단, 국토연구원, 농림수산식품교육문화정보원, 축산물품질평가원, 가축위생방역지원본부

개별 이전 (기관: 21개, 인원: 5,641명)	오송	질병관리본부, 한국보건산업진흥원, 한국보건복지인력개발원, 식품의약품안전평가원, 식품의약품안전처
	아산	경찰인재개발원, 경찰수사연수원, 국립특수교육원, 경찰대학
	기타	관세국경관리연수원(천안), 산림항공본부(원주), 중앙119구조본부(대구), 한국원자력환경공단(경주), 해양경찰교육원(여수), 한국중부발전(보령), 국방대학교(논산), 한국수력원자력(경주), 한국서부발전(태안), 농업기술실용화재단(익산), 재외동포재단(제주), 한국국제교류재단(제주)

행정중심복합도시와 지방 혁신도시의 공공기관 이전 현황(2018년 12월 31일 기준)[14]

지방 혁신도시는 지도에서 보는 바와 같이, 서울·인천·경기를 제외한 11개 시·도에 개략적으로 각각 1개씩 배치되어 있다. 수도권 과밀 및 국토 불균형의 문제를 해결하기 위한 지방 혁신도시는 이미 공간적으로 수도권 과밀을 해결하기에는 서울과 원거리에 위치해 있는 것을 알 수 있으며, 지역의 여건 및 비전을 고려하기보다는 정치적 고려에 의해 11개 시·도에 분산 배치되어 있다는 인상마저 주고 있다. 결과적으로 지역 거점으로서의 지방 혁신도시는 수천 명에 이르는 공공기관 이전 근무자들의 강제 이주지가 되거나 주변 인근 지역의 인구 및 산업의 블랙홀 역할을 수행하게 될 수밖에 없는 한계를 지니고 있다.

표22. 지방 혁신도시의 사업 추진 현황(2018년 12월 31일 기준)[15]

지역	위치	현황		규모				
		최초 지구 지정	사업 준공	면적 (천m²)	계획 인구 (천 명)	사업비 (억 원)	이전 기관 (수)	승인 인원 (인)
부산	영도구, 남구, 해운대구	2007. 4. 16.	2014. 6. 30.	935	7	4,127	13	3,122
대구	동구	2007. 4. 13.	2015. 12. 31.	4,216	22	14,501	11	3,438
광주 전남	나주시	2007. 3. 19.	2015. 12. 31.	7,361	49	14,175	16	6,923
울산	중구	2007. 4. 13.	2016. 12. 31.	2,991	20	10,390	9	3,148
강원	원주시	2007. 3. 19.	2017. 12. 31.	3,585	31	8,396	12	6,113
충북	진천군, 음성군	2007. 3. 19.	2016. 12. 31.	6,899	39	9,969	11	3,116
전북	전주시, 완주군	2007. 4. 16.	2016. 12. 31.	9,852	29	15,229	12	5,300
경북	김천시	2007. 3. 19.	2015. 12. 31.	3,812	27	8,676	12	5,561
경남	진주시	2007. 3. 19.	2015. 12. 31.	4,093	38	10,577	11	3,999
제주	서귀포시	2007. 4. 16.	2015. 12. 31.	1,135	5	2,939	6	717
전체	10개			44,879	267	98,979	113	41,437

과한 공공기관 근로자들의 이주와 아파트 중심의 주거 공급만으로 자족적이며 지속가능한 도시가 형성된다는 것은 거의 불가능에 가까운 일일 것이다. 더욱이 이제는 이미 시행된 토지 개발들로 인해 자족적인 업무 및 상업시설을 온전하게 유치할 만한 공지 자체도 부족한 실정이다. 행정중심복합도시와 지방 혁신도시를 제2의 과천 신도시로 만들기에는 그동안의 미래적 비전과 사회적 갈등 등의 대가 치고는 아쉬운 점이 적지 않다. 오늘날에는 지방의 중소규모 도시뿐만 아니라 대도시까지 도시 쇠퇴 현상이 나타나고 있는 실정이다. 이와 같은 상황에서 행정중심복합도시와 지방 혁신도시는 국토 균형 발전의 촉매로서 온전한 역할을 수행하기 위한 노력을 경주해야 한다. 그렇지 않다면 지방은 서울 이외, 수도권 이외, 또는 중앙 이외의 지역으로서 예전보다 오히려 위상이 더욱 실추된 지역으로 전락하게 될 것이다.

행정중심복합도시와 지방 혁신도시의 리질리언스 평가 및 해석

행정중심복합도시와 지방 혁신도시는 사실상 정권을 잉태하였으며, 정권을 위태롭게 하였고, 정권을 다시금 안정하도록 지탱하였다. 신행정수도로 촉발된 행정중심복합도시와 지방 혁신도시는 이미 20년 이상의 시간이 흘렀지만, 여전히 현재 진행형의 사업들이다. 문재인 정부(2017~2022)는 5대 국정 목표의 하나로 '고르게 발전하는 지역'을 추구하였으며, 100대 국정과제로 자치 분권과 균형 발전을 추진하였다. 이에 따라 문재인 정부의 임기 중에 세종특별자치시와 지방 혁신도시 시즌2의 여러 사업들이 추진되었다. 행정중심복합도시와 지방 혁신도시의 가장 큰 특징은 아마도 정부기관뿐만 아니라 공공기관의 일체를 국토 균형 발전 및 지방 활성화의 중요한 자원이자 수단으로 활용하였다는 것이다.

이것은 어찌보면 정부 공무원과 공공기관 근무자들 모두에 대해 사실상의 강제 이주를 법적 테두리 안에서 실행하였다고 볼 수 있다. 따라서 지방의 도시화가 막강한 국가 권력의 기반 하에 정부 주도로 그리고 대규모 물리적 개발 중심으로 일어났다는 것은 상당히 특이하며, 놀라운 일이라 할 수 있다. 전 세계 어떠한 나라에서도 200여 개에 이르는 공공기관의 지방 이전 등과 같은 과감한 시도를 통해 지방을 살리려고 노력한 사례를 찾아보기는 힘들다. 그럼에도 불구하고 지방을 살리기 위한 과감한 시도가 신도시 건설을 통한 대규모 물리적 변화라는 것은 더더욱 놀랄 만한 일이다. 왜냐하면 지방을 살리기 위해, 기존의 인프라가 아니라 완전히 다르고 새로운 인프라를 건설하고자 하였기 때문이다.

행정중심복합도시와 지방 혁신도시의 리질리언스 평가 및 해석을 위해, 행정중심복합도시와 지방 혁신도시가 여전히 현재진행형이라는 점에 착안하여 사업 이전과 사업 시기의 2가지 상태로 살펴보았다. 행정중심복합도시와 지방 혁신도시는 조선 왕조 이래 600여 년 이상 이어져 내려온 수도 서울의 공간적 패권을 전환하려는 시도일 뿐만 아니라 실제 물리적으로 실천한 사례다. 더욱이 이와 같은 대규모 공간적 패권 전환의 시도가 전국적으로 10년 내외에 걸쳐 일어났으며, 지금도 이에 대한 후속 대책이 계속되고 있다. 행정중심복합도시와 지방 혁신도시는 지방의 건조·사회·생태 환경의 체제 재구성 및 변환Regime Reorganization and Shift을 일으키는 사건이라고 해석할 수 있다. 구체적으로 지방의 건조 환경과 사회 환경 및 생태 환경은 '표23'에서 보는 것과 같이 상호 긴밀한 관련을 맺고 있다. 앞으로 행정중심복합도시와 지방 혁신도시는 얼마나 수도 서울의 공간적 패권에 도전하며, 국토 균형 발전의 거점으로 역할할 수 있을까? 대한민국 인구 절반이 거주하는 초거대 도시 수도권은 더욱 강화될 것인가, 아니면 현재 상태를 유지할 것인가, 그것도 아니면 지금보다 약화될 것인가? 우리의 선택이, 우리의 미래를 그리고 우리의 리질리언스를 결정할 것이다.

표23. 행정중심복합도시와 지방 혁신도시의 리질리언스 평가 및 해석[16]

	행정중심복합도시와 지방 혁신도시 이전 (2003년 이전)	행정중심복합도시와 지방 혁신도시의 시기 (2003년 이후)
건조 환경	Ω → α: 쇠퇴의 시기 지방 건조 환경 쇠퇴	α → r: 재구성의 시기 도시 건조 환경으로 재구성
사회 환경	Ω → α: 쇠퇴의 시기 지방 인구 감소 및 고령화	α → r: 재구성의 시기 도시 인구 구성으로 재구성
생태 환경	r → K: 성장의 시기 지방 생태계 성장	K → Ω: 체제 변환의 시기 도시 생태계로 전환

1. "지방", 표준국어대사전, 2024년 12월 1일 접속(https://ko.dict.naver.com/#/entry/koko/e4c96df44eca4b29905888450e47be18)

2. 김충호, "한국 도시화의 거시적 현황, 쏠림 현상", 『환경과조경』 2019년 2월호, pp.108~115.

3. 저자 미상, "노무현 후보 선대위 출범식 연설문 전문", 「오마이뉴스」 2002년 9월 30일, 2024년 12월 1일 접속(http://www.ohmynews.com/NWS_Web/View/at_pg.aspx?CNTN_CD=A0000089275)

4. 2002년 12월 8일, 대통령 선거를 열흘 앞둔 대전에서 노무현 대통령 후보는 신행정수도 건설 관련 특별 기자회견을 가졌다. 신행정수도의 개략적인 입지조차 선정되기 전이었는데, 충청권에 신행정수도 건설을 공식화한 것은 충청도의 표심이 대통령 선거에 중요한 역할을 할 수 있었기 때문이다. 실제로 신행정수도 건설은 노무현 대통령 후보의 가장 구체적이며 영향력이 큰 공약 중의 하나였으며, 대통령 선거에서도 노무현 후보가 이회창 후보를 57만여 표의 간발의 차이로 승리하는 데에 중요한 기여를 한 것으로 판단되고 있다. 하지만 신행정수도 건설은 노무현 정부의 임기뿐만 아니라, 후임 이명박 정부와 박근혜 정부의 재임 기간에도 정국을 가장 큰 혼돈의 시간으로 몰아넣은 중요한 사건이었다.

5. 노무현 정부의 특별법은 여러 정치적 논쟁과 행정적 집행 과정 속에서 명칭이 여러 차례 변경되었다. 이를테면 신행정수도건설을 위한 특별조치법(2004)은 헌법소원 제기 이후에 신행정수도 후속 대책을 위한 연기·공주지역 행정중심복합도시 건설을 위한 특별법(2005)으로 변경되었으며, 지방분권특별법(2007)은 이후 지방분권촉진에 관한 특별법(2008)으로, 그리고 다시 지방분권 및 지방행정체제개편에 관한 특별법(2013)으로 변경되었다. 한편, 공공기관 지방 이전에 따른 혁신도시 건설 및 지원에 관한 특별법(2007)은 혁신도시 조성 및 발전에 관한 특별법(2018)으로 변경되었다.

6. 지영호, "수도 이전 논쟁의 역사, 노무현에서 이명박·박근혜까지", 「the 300」 2016년 7월 8일.

7. 행정자치부, 『정부세종청사 건립백서』, 행정자치부, 2015, pp.65~71.

8. 행정중심복합도시건설청, 『거침없이 행복하게, 행복도시 10년의 이야기 2007~2017』, 행정중심복합도시건설청, 2017, pp.290~291.

9. 한국토지주택공사 세종특별본부/KPA 행정중심복합도시 기획조정단, "계획의 전제", 자연이 살아 숨쉬는 환상형 도시, 2015년 10월 27일, 2024년 12월 1일 접속(https://happycity2030.co.kr/plan/?act=sub2_1_2)

10. 한국토지주택공사 세종특별본부/KPA 행정중심복합도시 기획조정단, "계획의 전제", 자연이 살아 숨쉬는 환상형 도시, 2015년 10월 27일, 2024년 12월 1일 접속(https://happycity2030.co.kr/plan/?act=sub2_1_2)

11. 김범수, "스마트시티 밑그림: 정부, 1조7000억 들여 세종·부산에 스마트시티 조성", 「조선비즈」 2018년 7월 16일.

12. 저자 미상, "행정수도 이전 '원조' 프로젝트 박정희 백지계획 전모 공개", 「일요신문」 2003년 2월 23일.

13. 행정중심복합도시건설청, 『거침없이 행복하게, 행복도시 10년의 이야기 2007~2017』, 행정중심복합도시건설청, 2017, pp.288~289.

14. 국토교통부, "수도권 소재 153개 공공기관 지방이전 완료", 국토교통부 보도자료, 2019년 12월 25일, p.3.

15. 국토교통부 혁신도시발전추진단, "혁신도시별 사업추진현황", 「정책자료」 2018년 12월 31일.

16. 본 표에서 사용한 리질리언스 이론의 용어 및 개념은 '6장. 1970년대 공간의 탄생: 농촌의 도시화'에 상세하게 서술하였음.

09.

2010년대
공간의 탄생:
자연의 도시화

길을 만들어라

앞서 한국 도시화 50년의 세 번째 공간 사례로서 '2000년대 공간의 탄생: 지방의 도시화'에 대해 행정중심복합도시와 지방 혁신도시를 중심으로 살펴보았다. 이번 장에서는 한국 도시화 50년의 네 번째 공간 사례로서 '2010년대 공간의 탄생: 자연의 도시화'에 대해 살펴본다. 이를 위해 자연과 자연의 도시화에 대한 개념적 이해로부터 시작하고자 한다. 자연 自然(nature)은 구체적으로 '사람의 힘이 더해지지 아니하고 세상에 스스로 존재하거나 우주에 저절로 이루어지는 모든 존재나 상태'를 뜻한다.[1] 다시 말해 자연은 사람의 힘, 즉 인공에 의해 조성된 건조 환경과 대비되는 공간, 환경, 영역이라 정의 내릴 수 있다. 이와 같은 관점에서, 자연의 도시화는 사람이 이전까지 인위적으로 개입하지 않았거나, 설령 개입하였더라도 그 정도가 크지 않았던 공간, 환경, 영역에서 일어나는 도시화라고 할 수 있다.

2010년대 자연의 도시화는 역설적으로 당시에 자연 이외의 지역에서 한국의 도시화가 이미 더 이상 진전되기 어려울 만큼 충분하게 성숙되어 있었다는 것을 시사한다. 구체적으로 1970년대 농촌의 도시화, 1980~1990년대 근교의 도시화, 2000년대 지방의 도시화로 인해, 2010년을 전후로 도시화가 본격적으로 진행될 수 있는 인공적인 영역은 더 이상 남아있지 않게 되었다. 더욱이 당시에는 세계적으로 자원 고갈, 기후변화, 지속가능 개발, 녹색 성장 등 인간과 자연의 미래지향적 관계 설정에 대한 시대적 논의가 뜨거웠다. 이와 같은 맥락 속에서, 흥미롭게도 과거 현대건설의 사장이었으며, 서울시장으로서 청계천 복원 사업을 진두지휘하였던 장본인이 대통령으로 선출되었다. 이명박 정부(2008~2013)는 대통령 선거 과정에서 한반도 대운하 건설, 747공약(7% 성장, 4만불 소득,

세계 7위 경제) 등 대규모 토목 사업 및 고도 경제 개발을 핵심 공약으로 제시하였다. 하지만 대통령 당선 이후, 2008년 세계 경제 위기 속에서 한반도 대운하 건설은 경제적이며 생태적인 관점에서 많은 비판을 받게 되었다. 그리하여 이명박 대통령은 2008년 건국 60주년을 맞이하는 광복절 경축사 연설에서 저탄소 녹색 성장을 국정 비전이자 핵심 기조로 천명하였다. 이와 함께 한반도 대운하 건설은 4대강 살리기 사업을 변모하여 임기 중에 추진되었다. 이명박 대통령의 13년에 걸친 아래 두 발언을 보면서, 한반도에는 물길 대신 자전거길이 만들어졌다고 하면 지나친 말일까? 우리에게 길이란 과연 무엇이며, 2010년대에 왜 그토록 길을 만들고자 하였는지 이번 장에서 살펴본다. "본 의원은 한강과 낙동강을 연결하는 운하를 건설할 것을 제의하는 것입니다. 낙동강과 한강 540km 강을 준설하고 두 강의 가운데를 조령의 해발 140m 고지에 20.5km의 터

이명박 대통령의 4대강 살리기 합동보고대회[2] 참석 사진
2009년 4월 27일, 청와대에서 열린 '4대강 살리기 합동보고대회'에서 이명박 대통령은 "4대강 살리기 사업은 미래 국가의 백년대계와 기후변화라는 인류 공통 과제에 대한 대비"라고 역설하였다. 이것은 당시 4대강 사업에 대한 여러 정치적 반대를 의식한 발언이었다. 하지만 본 행사에 대해, 여러 언론들은 4대강 사업의 실체적 진실에 대한 여러 상반된 의견을 내놓았다. 이후 2013년에 감사원은 4대강 사업에 대한 감사 보고서에서 4대강 사업은 대운하 재추진을 염두에 두고 진행되었음을 명시하였다.

널을 하여 연결하게 되면 경부운하가 건설이 될 것입니다. 이제 수문과 적당한 댐을 설치하게 되면 수위를 조절하여 5,000톤의 바지barge선이 부산을 거쳐 인천까지 갈 수가 있습니다. 경제적으로나 기술적으로 그렇게 어렵지 않습니다."(이명박 의원, 국회 제8차 본 회의 발언, 1996년 7월 18일)[3] "저는 신년 연설을 통해 '전국 곳곳을 자전거 길로 연결하겠다'고 약속했습니다. 4대강 살리기 사업이 마무리되는 2012년이면 한강·금강·영산강·낙동강 물줄기를 따라 약 2,000km에 이르는 자전거길이 만들어집니다. 그때가 되면 목포에 사는 젊은이가 영산강을 출발해 금강을 거쳐 서울에 오고, 서울을 출발한 청소년들이 강바람을 가르며 한강과 낙동강을 거쳐서 부산까지 갈 수가 있습니다. 자전거를 통해 동·서와 중·남부가 통해서 사람들도 동서남북으로 다 통하는 세상이 될 것입니다."(이명박 대통령, 제13차 라디오 연설, "4대강 따라 열리는 자전거길", 2009년 4월 20일)[4]

4대강 자전거길과 코리아 둘레길의 시작 및 경과

이명박 정부의 4대강 자전거길과 박근혜 정부의 코리아 둘레길이라는 중앙정부 중심의 국가 주도 사업 이전에 이와 같은 사업을 가능하게 한 성공적인 민간 주도의 길 만들기 사업이 우리에게 있었다. 언론인 서명숙의 민간 활동에 의해 2007년부터 시작된 제주도 올레길이 바로 그것이다. 서명숙은 2006년 9월 스페인 산티아고의 800km 순례길을 36일 동안 실제로 걸은 영감을 바탕으로 고향으로 돌아와 제주노 올레길 만들기 활동을 하였다. 올레는 큰 길에서 집까지 이르는 골목을 의미하는 제주도 방언으로서 제주도 주거 형태의 특징적인 구조를 보여주는 공간이다.[5] 서명숙은 본질적으로 제주도 올레길을 생태, 문화가 아닌 치유의 길로 바라보았으며, 서명숙의 활동은 전국적인 신드롬을 통해 매년 수십

국토 종주 자전거길

북한강자전거길(75km)
<자전거캠핑장입구 ~ 신매대교>

경춘선자전거길 34km (조성중)

아라자전거길(21km)
<아라 서해갑문 ~ 아라 한강갑문>

동해안종주자전거길(242km)
<고성 통일전망대 ~ 삼척 고포마을>

양양군
동호해변
지경공원
경포해변
정동진
망상해변
추암촛대바위
한재공원
독도
울릉군

구 금곡역
구 화랑대역
춘천시
신매대교
경강교

김포시
능내역
샛터삼거리
팔당댐
밝은광장

아라서해갑문
아라한강갑문 (서울)
하남시
양평군
양평군립미술관

인천광역시
여의도한강마리나
뚝섬·전망콤플렉스
광나루 자전거공원
이포보
여주군
여주시

한강종주자전거길(192km)
<아라 한강갑문 ~ 충주보>

강릉시
동해시
삼척시

강천보
비내섬
충주댐
충주시

새재자전거길(100km)
<충주 탄금대 ~ 상주 상풍교>

울진군
임원

오천자전거길(105km)
<행촌교차로 ~ 합강공원>

행촌교차로
수안보온천
괴산군
이화령휴게소
예천군
문경불정역

충주탄금대

백로공원
무심천교
세종시
합강공원
공주시
대청댐
세종보
공주보
백제보
청양군

충청남도
괴강교

문경시
상주시

상주함풍교

안동시
안동댐
영덕군

상주보

낙단보
군위군
구미시
구미보

금강종주자전거길(146km)
<대청댐 ~ 금강하구둑>

부여군
논산시
대전광역시

익산 성당포구
서천
금강하굿둑
군산시

포항시

대구광역시
칠곡보
성주군
경주시

강정고령보
고령군
달성보

낙동강종주자전거길(385km)
<안동댐 ~ 낙동강하구둑>

심진강자전거길(154km)
<심진강댐 ~ 백길 수변공원>

섬진강댐
장군목
향가유원지
황탄정
신성암
남도대교
매화마을
배알도수변공원
하동군

달성군
창녕군
합천창녕보
창녕함안보
양산시

의령군

울산광역시

영산강종주자전거길(133km)
<담양댐 ~ 영산강하구둑>

담양군
담양댐
담양대나무숲
광주광역시
메타세쿼이아길
승촌보
죽산보
무안군
느러지 관람전망대
나주시
목포시
영산강하굿둑
영암군

함안군

김해시
낙동강하굿둑
부산광역시
을숙도

양산물문화관

범례 ▬▬▬ 국토종주노선

제주환상종주자전거길(조성중)

제주특별자치도

S

4대강 자전거길에서 국토 종주 자전거길까지

4대강 자전거길은 4대강 살리기 사업의 일환으로 추진되었지만 한강, 낙동강, 금강, 영산강 주변의 자전거길 조성에 그치지 않았다. 4대강 자전거길은 새재 자전거길 등의 조성을 통해 국토를 관통하는 국토 종주 자전거길로 확장되었다. 이를 통해 4대강 자전거길은 기존의 동네와 지역 중심의 자전거 통행을 넘어서 전국적인 자전거 문화 형성에 기여하게 되었다.

공간의 탄생, 1970~2022

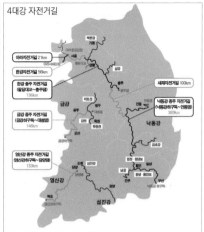

만 명에 이르는 사람들을 제주도로 불러들였을 뿐만 아니라 각개각지에 걷기 문화 또는 걷기 혁명이 촉발되는 데에 기여하였다.[6]

이와 같은 시대적 흐름 속에서, 4대강 자전거길 조성 사업은 4대강 살리기 사업의 일환으로 추진되었다. 중앙정부는 4대강 살리기 사업의 목표를 기후변화 대비, 자연과 인간의 공존, 국토의 재창조, 지역 균형 발전 등으로 제시하였으며, 4대강 자전거길은 국민 복지 인프라 차원으로 추진되었다. 4대강 자전거길은 2009년 1월에 시작되어 총 사업비 2,500억원을 들여, 2012년 4월 22일에 총 연장 1,757km 구간이 완성되었다. 특히 4대강 자전거길은 4대강 주변의 자전거길을 넘어서서 국토 종주 자전거길로 확장되어 추진되었다.[7] 구체적으로 4대강 국토 종주 자전거길은 4대강 살리기 사업을 통하여 하천부지 내에 조성된 1,188km와 하천구역 내에 이미 조성되어 있던 214km, 하천 협곡부와 지천 합류부 등 지형 여건으로 인하여 지방도 등을 활용하여 단절 구간을 연결한 355km

를 모두 합하여 조성되었다.[8]

한편 코리아 둘레길은 2016년에 박근혜 정부의 문화체육관광부 주도로 시작되었으며, 동·서·남해안과 비무장지대DMZ 접경지역 등 약 4,500km에 이르는 한반도 외곽을 하나로 연결하는 전국적인 길 만들기 프로젝트로 추진되었다. 구체적으로 중앙정부는 문화관광산업 경쟁력 강화의 일환으로서 코리아 둘레길을 추진하였으며, 전통 시장, 지역 관광 명소와 연계하여 세계인이 찾는 걷기 여행길로 만든다는 목표를 제시하

4대강 살리기 사업 주요 추진 경위[9]

2008. 06. 19. 대운하 사업 포기 대통령 담화 발표
2008. 08. 15. 대통령 저탄소 녹색 성장 국가 비전 제시
2008. 12. 25. 4대강 살리기 프로젝트 발표
2009. 01. 06. 녹색뉴딜사업 발표(4대강 살리기 및 주변 정비 사업 포함)
2009. 02. 04. 4대강 살리기 기획단 발족
2009. 04. 17. 4대강 살리기 기획단 → 장관급의 4대강 살리기 추진 본부로 확대 개편
2009. 05. 07. ~ 2009. 05. 19. 4대강 살리기 마스터플랜(안) 지역 설명회 개최
2009. 06. 08. 4대강 살리기 마스터플랜 확정 및 발표
2009. 11. 22. 4대강 살리기 사업 공식 기공식 거행
2009. 12. 08. 4대강 살리기 사업 예산안 통과
2010. 06. 18. 4대강 보·수문 설치 공사 본격화 발표
2011. 06. 30. 저수지 둑 높이기 공사 첫 준공(한계저수지)
2011. 08. 31. 세종보 소수력 발전소 가동(최초)
2011. 09. 24. 세종보 최초 개방
2011. 10. 05. 농경지 리모델링 첫 준공(상주 오상지구)
2012. 04. 22. 4대강 국토 종주 자전거길 개통 및 인증제 시행

표24. 4대강 자전거길 종주 노선, 비종주 노선 연장(단위: km)[10]

구분	전체	종주 노선	비종주 노선
한강	289	115	174
아라자전거길	21	21	–
낙동강	665	389	274
금강	305	146	159
영산강(섬진강 포함)	377	133	243
새재자전거길	100	100	–
계	1,757	904	853

였다. 이를 위해 코리아 둘레길은 스페인의 산티아고 순례길을 벤치마킹하였을 뿐만 아니라, 제주도 올레길로부터 촉발된 전국적인 걷기 열풍 및 여러 지방자치단체의 길 만들기 사업의 연장선에서 검토되었다. 코리아 둘레길은 한반도 외곽을 하나의 길로 만드는 역사적인 프로젝트로 제시되었지만, 2016~2017년 탄핵 정국으로 인해 잠시 소강상태를 겪었으며, 문재인 정부의 출범 이후에 다시 지속적으로 진행되었다.

표25. 중앙정부 부처별 주요 길 만들기 사업 현황[11]

구분	길 명칭	개념	특징
문화체육관광부	문화 생태 탐방로	아름다운 자연 환경과 문화, 역사 자원을 특색 있는 이야기로 엮어 국내의 탐방객이 느끼고 배우고 체험하는 길	물리적 조성은 최소화하고 다양한 프로그램을 제공하는 친환경적 탐방로 조성이 원칙
	해파랑길	부산 오륙도에서 고성 통일전망대를 연결하는 동해안 광역 탐방로	국내 최장거리 탐방로
	코리아 둘레길	동·서·남해안과 비무장 지대 등 우리나라 둘레를 연결하는 걷기 여행길	우리나라 둘레를 연결하는 4,500km의 전국 규모
환경부	국가 생태 탐방로	강길·해안길·숲생태길로 구분하며, 국가급·광역급·지역급으로 탐방로 구분	지자체가 조성한 도보 중심의 길 중에서 자연·역사·문화 자원을 체험할 수 있도록 중앙 정부가 선정하여 연계하는 탐방로
	녹색길	도시 내 녹지 및 생태계 보전과 도시민 여가 선용 지원을 목적으로 조성	생태적으로 고립된 도시 환경을 주변 하천이나 산 등의 광역 단위의 생태축과 연결
	둘레길	국립공원 경계 및 내·외곽을 중심으로 조성된 길	
산림청	숲길	국가숲길 기본계획에 따라 등산로, 트레킹길, 레저스포츠길, 탐방로, 휴양·치유숲 등의 활동을 위해 산림에 조성한 길	국가숲길 기본계획에 의해 2016년까지 추진
국토교통부	누리길	개발제한구역 보전에 대한 국민 참여도 세u를 위해 조성된 친환경 산책로	그린벨트 지역 내에 있는 산책길
	관동 팔경 녹색 경관길	해안권 발전 시범 사업으로 추진되는 6개 관동팔경을 연결하는 도보길	강원, 경북 시·도간에 협력하여 초광역 인프라 구축
행정안전부	명품 녹색길	지역의 우수한 역사·문화·자연을 쉽게 탐방할 수 있도록 지자체가 발굴해 복원한 도보 중심의 길	수변 공간 활용형, 명상 사색형, 지역 공간 체험형, 도심 문화 생활형 등으로 유형 구분
해양수산부	해안 누리길	해안 경관이 우수하고 역사·문화 자원이 풍부해 걷기 여행에 좋은 해안길 중 해양 관광 진흥을 위해 선정한 길	기존 조성된 길에 해수부장관이 해양 관광 진흥을 위해 걷기 여행에 좋은 해안 여행길을 선정

정부·민간 함께 명품 길 조성

산티아고 순례길의 3배
4500㎞ '코리아 둘레길'

코리아 둘레길 조성 신문 기사

농·서·남해안~DMZ 잇는 걷기 코스
외국 관광객 연 550만 명 유치 기대
박 대통령 "김밥이 만원? 관광객 좋아"

한반도 외곽을 하나로 연결하는 걷기여행길인 '코리아 둘레길'이 만들어진다. 2018년 최종 완공되는 동해안에 조성된 '해파랑길', 비무장지대(DMZ) 접경지역의 '평화누리길'에 더해 남해안과 서해안의 도보 코스를 연결해 만든다. 총연장이 4500㎞로 서울~부산 거리의 10배, 스페인 북부 산티아고 순례길(1500㎞)의 3배에 달한다.

정부는 17일 박근혜 대통령 주재로 청와대에서 '문화관광산업 경쟁력 강화회의'를 열고 이 같은 계획을 발표했다.

코리아 둘레길 조성 사업은 문화체육관광부와 한국관광공사가 함께 추진 기구를 구성하고 지역주민, 역사·지리 전문가, 동호

예도 주택에서 내·외국인 관광객을 대상으로 숙박서비스를 제공할 수 있도록 이용하는 '공유민박업'을 강원·부산·제주에 시범

2016년 6월 17일, 박근혜 대통령의 회의 주재로 문화체육관광부에 의해 코리아 둘레길 조성 사업이 발표되었다. 본 사업은 한반도 외곽 4,500km를 하나로 연결하는 전국적인 길 만들기 프로젝트로, 삼면이 바다인 지형적 특징과 남북 대치 상황 등을 고려하여 구체적 구간이 선정되었다.

4대강 자전거길과 코리아 둘레길의 계획 지향과 공간 실험

4대강 자전거길과 코리아 둘레길의 계획 지향은 두 사업 모두 전국 규모의 광역적인 길 만들기 사업으로서 친환경, 저탄소 녹색 성장, 무동력 이동, 관광 산업 활성화 등이다. 더욱이 중앙정부 주도의 사업이 정권에 민감함에도 불구하고, 두 사업 모두 상대적으로 정권의 교체 등에 많은 영향을 받지 않았다는 독특한 특징이 있다.[12] 이뿐만 아니라 자전거길과 둘레길의 특성상 중앙정부 주도보다는 지방자치단체에서 지역의 여건에 맞게 추진하는 것이 적합함에도 불구하고 중앙정부가 주도하였다는 것도 독특하다고 할 수 있다. 실제로 자전거길의 경우에는 2005년에 자전거도로 관련 사무가 지방자치단체로 이양되었다가, 2008년 11월에 다시 행정안전부의 자전거 정책 총괄 및 지원 부서의 설치와 함께 반환되었으며, 2010년에 '국가자전거도로 기본계획'을 통해 국가적 계획으로 다루어졌다. 다시 말해 중앙정부의 관심 밖에 있던 사업이 이유가 어찌되었든

제주도 올레길의 모습과 주변 풍경[13]

올레는 큰 길에서 집까지 이르는 골목을 의미하는 제주도 방언으로서, 제주 고유의 주거 형태와 주변 풍경이 고스란히 담겨 있는 공간이다. 제주도 올레길은 이와 같은 제주 고유의 모습과 풍경을 훼손하지 않으면서, 제주도 전역을 연결하고 있다. 이를 통해 총 26개의 코스가 서로 다르게 그러면서도 전체적으로 유사하게 구성될 수 있는 특징을 가지고 있다.

중앙정부의 핵심 사업으로 부상하게 되었다.

한편 4대강 자전거길과 코리아 둘레길의 공간 실험은 기존의 길 자산을 이해하고, 새로이 발굴하였으며, 안정되게 확보하였다는 특징이 있다. 두 사업 모두 국가 단위의 사업이었지만, 모든 구간을 새로이 개설한 것이 아니라, 기존의 구간에서 끊긴 것을 연결하거나, 주변의 관광이나 경관적 자산을 고려하여 실제 구간이 선정되고 조성되었다. 왜냐하면 비록 두 사업이 각각 자전거길과 둘레길에 관한 사업이지만, 우리에게는 이미 오래전부터 길이라는 것이 주변과 함께 존재해 왔었기 때문이다. 이에 따라 길 만들기 과정에서 여러 계획적 조사, 브랜딩 및 마케팅(스탬프 및 인증서 등), 그리고 공간적 실험 등이 시행되었다. 그리고 두 사업과는 별도로 중앙부처와 지방자치단체의 여러 유사 사업이 동시다발적으로 일어났다는 것도 특징적이라 할 수 있다. 이것은 분명 한국 도시화 50년의 다른 공간적 사례들과는 분명하게 다른 지점이라 할 수 있다.

4대강 자전거길과 코리아 둘레길 이후의 자연 그리고 오늘날

대한민국은 지형적으로 국토의 70%가 산지로 이루어져 있기 때문에, 구비 구비 골짜기의 마지막에는 막힌 골목길이 나타나며, 이로 인해 여러 길들이 이어지지 않고 끊기는 일반적인 특징이 있다. 이것은 어찌 보면 상당히 자연스러운 형상이며, 우리 고유의 공간적 특징이라 할 수도 있을 것이다. 이에 반해 4대강 자전거길과 코리아 둘레길은 전국 규모의 끊김 없이 이어지는 흐름을 시도하였다는 독특한 특징이 있다. 이것은 2010년대 이전의 도시화와는 분명 다른 지점을 보여주고 있으며, 한반도 전체의 역사를 통해서 보더라도 길의 관점에서 중요한 역사적 전환이 일어났다고 할 수 있다. 이와 함께 이명박 정부의 4대강 자전거길은 4대강 사업의 정치적 논쟁을 완화하기 위해서, 박근혜 정부의 코리아 둘레길은 스페인 산티아고 순례길을 넘어서는 국가 브랜딩을 위해서 자연의 도시화를 시도하였다는 점도 인상적이다. 그래서 그런지, 4,500km에 이르는 코리아 둘레길의 주무부처로서 문화체육관광부는 기존의 국토교통부 중심의 정부 주도 도시화와 대규모 물리적 개발과는 다른 도시화의 방향성을 보여주고 있는 것이 아닌가 한다.

그럼에도 불구하고 4대강 자전거길과 코리아 둘레길은 중앙정부 주도의 사업으로서 한국 도시화 50년의 다른 공간적 사례들과 유사한 특징들이 관찰된다. 두 사업의 언론 보도 기사에는 수천여 킬로미터에 이르는 총 사업 구간의 길이, 수만 명 또는 수십 만 명의 일자리 창출, 수백억 또는 수천억에 이르는 지역 개발 및 관광 활성화 효과 등이 중요한 사업 개요이자 목적으로서 빠지지 않고 등장한다. 그것은 마치 1970년대에 국가 대동맥으로서 건설된 경부고속도로를 연상하게 한다. 결과적으로 오늘날 자연은 도시민의 관광 없이는 존립할 수 없는 의존적이며 부차적인 대상이자, 선형으로 확장되어 있는 도시화 공간의 일부가 된 것이 아닌가 싶다. 그러므로 4대강 자전거길과 코리아 둘레길은 그것들을 촉발시킨 스페인 산티아고 순례길이나 제주도 올레길 등이 추구하는 자연을 통한 치유 등은 구현할 수 없는 공간처럼 느껴지기까지 한다. 우리에게 길이란 과연 무엇일까? 오늘도 우후죽순처럼 등장하는 중앙정부와 지방자치단체의 수많은 길 만들기 사업 자체에 우리가 심취해 있는 것은 아닌지 되돌아보게 한다.

4대강 자전거길과 코리아 둘레길의 리질리언스 평가 및 해석

4대강 자전거길과 코리아 둘레길은 각각 이명박 정부와 박근혜 정부에서 전국 규모의 중요한 물리적 사업으로 추진되었지만, 두 정부를 넘어서서 지속될 수 있는 특징이 있었다. 그것은 두 사업 모두 오늘날 거부할 수 없는 친환경적이며 생태지향적인 시대적 소명과 맥이 닿아 있기 때문이다. 어찌 보면 자연의 도시화는 자연이라는 대상을 다룬다는 점에서 정치적·사회적·경제적 성향에 관계없이 모두가 동의할 수 있는 토대가 마련되어 있다고 할 수 있다.

4대강 자전거길과 코리아 둘레길의 리질리언스 평가 및 해석을 위해, 두 사업 모두 일정 부분 또는 전체가 여전히 현재진행형이라는 점에 착안하여 사업 이전과 사업 시기의 두 가지 상태로 살펴보았다. 4대강 자전거길과 코리아 둘레길은 기차, 자동차 등과 같은 대규모 교통수단을 위한 길 만들기가 아니라 전국 규모의 개인지향적인 길 만들기라는 점에서 새로운 전환적 시도이자, 이를 물리적으로 실천한 사례라고 할 수 있다. 더욱이 이와 같은 전국 규모의 대규모 길 만들기 시도가 10년 내외의 짧은 시간에 걸쳐 일어났으며, 오늘날에도 여전히 중앙정부뿐만 아니라 수

표26. 4대강 자전거길과 코리아 둘레길의 리질리언스 평가 및 해석[14]

	4대강 자전거길과 코리아 둘레길 이전 (2008년 이전)	4대강 자전거길과 코리아 둘레길의 시기 (2008년 이후)
건조 환경	Ω → α: 쇠퇴의 시기 자연 건조 환경 쇠퇴	α → r: 재구성의 시기 도시 건조 환경의 형성
사회 환경	Ω → α: 쇠퇴의 시기 자연 인구 감소 및 고령화	α → r: 재구성의 시기 도시 인구의 이동 및 영향
생태 환경	r → K: 성장의 시기 자연 생태계 성장	K → Ω: 체제 변환의 시기 자연 생태계에 영향

많은 지방자치단체에서도 유사한 사업이 계속되고 있는 것은 놀라운 일이다.

다시 말해 4대강 자전거길과 코리아 둘레길은 자연의 건조·사회·생태 환경의 체제 재구성 및 변환Regime Reorganization and Shift을 일으키는 사건이라고 해석할 수 있다. 구체적으로 자연의 건조 환경과 사회 환경 및 생태 환경은 '표26'에서 보는 것과 같이 상호 긴밀한 관련을 맺고 있다. 앞으로 4대강 자전거길과 코리아 둘레길이 얼마나 실제적 활동의 공간으로서 또는 자연적 치유의 공간으로서 역할을 할 수 있을지는 미지수이다. 사실 나는 자연의 도시화 못지않게 도시의 자연화가 한국의 도시화 역사에서 앞으로 일어나기를 기대한다. 우리의 선택이, 우리의 미래를 그리고 우리의 리질리언스를 결정할 것이라 믿는다.

1. "자연", 표준국어대사전, 2024년 12월 1일 접속(https://ko.dict.naver.com/#/entry/koko/c413f4f2bd48406eb455361de527dca0)

2. 청와대, "이 대통령 '4대강 살리기, 녹색 성장 대표 사례'", 대한민국 정책브리핑, 2009년 4월 28일

3. 대한민국 정부, 『이명박 정부 국정백서: 2008. 2.~2013. 2. 7권 – 녹색뉴딜 4대강 살리기와 지역상생』, 문화체육관광부, 2013, p.65.

4. 이명박, "제13차 라디오 연설, 4대강 따라 열리는 자전거길", 대통령기록연구실, 2009년 4월 20일, 2024년 12월 1일 접속(http://pa.go.kr/research/contents/speech/index.jsp).

5. "올레", 위키백과, 2024년 12월 1일 접속(https://ko.wikipedia.org/wiki/%EC%98%AC%EB%A0%88)

6. 이한우, "'올레 신드롬' 일으킨 서명숙 '제주올레' 이사장", 「조선일보」 2010년 7월 4일.

7. 박성국, "전국 1800km 두 바퀴로 연결, 4대강 자전거길 22일 개통", 「서울신문」 2012년 4월 20일.

8. 대한민국 정부, 『이명박 정부 국정백서: 2008. 2.~2013. 2. 7권 – 녹색뉴딜 4대강 살리기와 지역상생』, 문화체육관광부, 2013, p.188.

9. 대한민국 정부, 『이명박 정부 국정백서: 2008. 2.~2013. 2. 7권 – 녹색뉴딜 4대강 살리기와 지역상생』, 문화체육관광부, 2013, pp.526~528.

10. 대한민국 정부, 『이명박 정부 국정백서: 2008. 2.~2013. 2. 7권 – 녹색뉴딜 4대강 살리기와 지역상생』, 문화체육관광부, 2013, p.191.

11. 김소연·이수진, "자연의 도시화에 대해", 『한국의 도시화 60년과 리질리언스』, 서울시립대학교 도시공학과 대학원 지속가능도시설계세미나 단행본, 2019, pp.175~176.

12. 류지영, "전 정부서 잘나간 죄? 소리 없이 밀려난 자전거·푸드트럭: 정권 바뀌면 뒤집히는 '조변석개' 정책", 서울Pn, 2019년 7월 16일.

13. "걸어서 여행하는 이들을 위한 길, 제주올레", 제주올레, 2024년 12월 1일 접속(https://www.jejuolle.org/trail#/)

14. 본 표에서 사용한 리질리언스 이론의 용어 및 개념은 '6장. 1970년대 공간의 탄생: 농촌의 도시화'에 상세하게 서술하였음.

10.

2020년대
공간의 탄생:
도시의 도시화

원도심을 살려라

앞서 한국 도시화 50년의 네 번째 공간 사례로서 '2010년대 공간의 탄생: 자연의 도시화'에 대해 4대강 자전거길과 코리아 둘레길을 중심으로 살펴보았다. 이번 장에서는 한국 도시화 50년의 마지막 공간 사례로서 '2020년대 공간의 탄생: 도시의 도시화'에 대해 살펴본다. 이를 위해 도시와 도시의 도시화에 대한 개념적 이해로부터 시작하고자 한다. 도시都市(city)는 '일정한 지역의 정치·경제·문화의 중심이 되는, 사람이 많이 사는 지역'을 의미한다.[1] 본래 도시都市라는 단어 자체에는 정치 중심지로서의 도읍都邑과 경제 중심지로서의 시장市場의 뜻이 내포되어 있다. 그렇다면 도시의 도시화는 과연 무엇을 의미하는 것일까? 도시는 이미 중심지인데, 어떻게 도시화가 일어날 수 있다는 것일까? 이것은 현재의 도시가 과거 중심지로서의 역할 또는 위상과는 다른 처지에 놓여있음을 의미한다. 무엇이 도시를 도시화가 필요한 상태에 이르게 하였을까? 그리고 도시는 어떻게 도시화될 수 있을까?

오늘날 '도시의 도시화'는 도심都心(downtown), 즉 도시의 중심부에서 주로 일어나고 있다. 흥미롭게도 한국 도시화 50년은 원도심, 구도심, 신도심, 부도심 등 다양한 도시의 중심부를 형성시켰다. 하나의 도시 내에 도심이 여러 개 존재하며, 이에 따라 오래된 도심과 새로운 도심이 만들어진 것은 도시의 실제 중심부가 이동하면서 나타난 결과다. 하지만 오랜 역사를 간직한 구미 선진국 등에서 도시의 중심부가 전면적으로 이동하는 것은 실상 흔한 일은 아니다. 한국의 도시화 50년은 정부 주도로 대규모의 물리적 개발을 통해 급속하게 일어났기 때문에, 도시의 실제 중심부가 이동한 사례가 오히려 흔한 일이었다. 이를테면 서울의 강남은 1970년대에 개발되기 시작하여 신도심으로서의 위상이 높아졌지만, 기

도시재생 뉴딜

국민 먼저 잘 살게, 서민경제를 살리는 국민성장
문재인이 반드시 해내겠습니다

Plan 1 아파트 수준의 열린 공동체로 만들겠습니다
● 매년 100개씩 쇠퇴하는 노후마을을 지정해 마을 주차장, 도서관, 어린이집 무인택배센터 등 아파트 수준의 공공시설을 갖춘 열린 공동체로 만들겠습니다

Plan 2 내 집 마련!? 걱정하지마세요!
● 낡은 개인주택을 공공자금으로 매입해 보수한 뒤 신혼부부와 취약계층에 공공임대로 공급해 주거문제를 해결하겠습니다

Plan 3 낡고 오래됐다?! 걱정하지마세요!
● 낡고 오래된 집 때문에 고민이세요? 낡은 집을 공공주도로 정비하여 공공임대주택으로 활용하겠습니다. 고령층에게는 국가에서 생활비 수준의 임대소득을 보전해 드리겠습니다

Plan 4 도시재생뉴딜, 일자리 늘리고 경제를 살리고!
● 도시재생 뉴딜은 일자리를 늘리고 경제를 활성화 시킵니다. 도시재생, 주택리모델링으로 지역 건설사, 집수리 업체의 일자리가 크게 늘어나게 됩니다. 약 10조원 대 도시재생사업으로 매년 39만개 일자리가 만들어질 것입니다

Plan 5 임대료 오를 걱정? 넣어두세요!
● 우리 동네가 정비되면 임대료가 오를까봐 걱정이시라고요? 공공재생이나 도시계획 인프라를 받으려면 임대료를 마음대로 올리지 못하게 해 저소득층 주거와 임대사업자 상업공간을 보장하겠습니다

문재인 대통령 후보의
도시재생 뉴딜 발표 및 공약 자료[2, 3]
2017년 4월 9일, 문재인 대통령 후보는 첫 번째 정책 행보로서 총 50조원 규모의 도시재생 뉴딜 사업을 핵심 공약으로 제시하였다. 도시재생 뉴딜은 전면 철거 방식의 재건축, 재개발과는 달리, 기존 도시 기반시설을 활용하면서 구도심과 저층 노후 주거지를 개선하는 사업이다. 구체적으로 문재인 대통령 후보의 공약 자료를 살펴보면, 도시재생 뉴딜은 아파트 수준의 공공시설 제공, 주거 취약 계층을 위한 공공임대주택 공급, 소규모 건설 관련 일자리 확충, 서민 경제 성장 등을 목표로 하고 있음을 알 수 있다. 다시 말해 비록 공동체를 강조하고 있기는 하지만, 도시재생 뉴딜은 본질적으로 매년 100개의 사업 대상지에, 10조원대의 공적 재원을 투자하는 대규모 정책 사업이라는 것을 알 수 있다.

존의 4대문 안 서울 도심은 구도심으로 전락하게 되었다. 그나마 서울 도심의 위상 변화는 전국적으로 볼 때 상황이 좋은 경우에 해당한다. 지방의 거의 모든 대도시와 수많은 중소 도시들은 1980~1990년대 근교의 도시화와 2000년대 지방의 도시화 시기 동안에 도시의 중심부 이동을 경험하게 되었다. 이와 함께 구도심 쇠퇴와 신도심 성장의 구도가 만들어 졌으며, 이들 사이에 더 이상 묵과하기 힘들 정도의 다양한 경제적·사회적·환경적 격차가 존재하게 되었다. 한국 도시화 50년의 이와 같은 고질적 문제에 대해 문재인 대통령 후보는 대통령 선거를 정확하게 한 달 앞둔 시점에 원도심을 살리는 도시재생 뉴딜을 본인의 핵심적인 대규모 정

책 공약 사업으로 천명하였다. 이번 장에서는 2020년대 도시의 도시화
에 대해, 도시재생 뉴딜과 스마트시티를 중심으로 살펴본다. "새 정부가
들어서면 바로 도시재생 뉴딜 사업을 추진해 구도심을 살리고 더욱 쾌적
한 주거환경을 만들겠다. 그동안 도시재생 사업에는 연간 1,500억 원 정
도가 투입됐다. 생색내기에 불과하다. 공공기관 주도로 정비하거나 매입
또는 장기 임차하면 연간 5만호의 공공 임대 주택이 마련될 수 있다. 매
입이나 임차를 할 때 고령층 소유자에게는 생활비에 상응하는 수준의
임대료를 지원할 것이다. 낡은 주택을 직접 개량하는 집주인은 주택도시
기금에서 무이자 대출로 지원받을 수 있다. 전문기관은 10조원대 도시재
생 사업으로 매년 39만개의 일자리가 만들어질 것으로 분석하고 있다."[4]

도시재생 뉴딜과 스마트시티의 시작 및 경과

도시재생에 대한 논의는 사실 어제 오늘의 일이 아니었다. 도시재생 이전
에 도시 쇠퇴 문제에 대한 국가적 차원의 학술적 연구와 정책적 대응은
지난 10여 년 이상 지속되었다.[5] 도시재생사업단은 국가 R&D 연구로 지
난 2006년부터 2014년까지 도시 쇠퇴 문제에 대해 경제·사회·문화·환
경 등 종합적인 측면에서 접근하여, 도시재생 관련 정책·제도 및 환경·
에너지, 건설 기술 등을 제고시키기 위해 여러 노력을 경주하였다.[6] 2013
년 6월에는 "도시재생 활성화 및 지원에 관한 특별법(약칭: 도시재생특별법)"
이 제정되어, 도시재생 사업 추진을 위한 제도적 기반이 마련되었으며,
도시 쇠퇴의 진단 및 도시재생 전략 계획의 수립 등을 위해 도시재생 종
합 정보 체계를 활용하게 되었다. 구체적으로 도시재생 사업은 도시재생
특별법의 법적 테두리 내에서 도시재생 전략 계획과 도시재생 활성화 계
획 등이 수립되어 추진되었으며, 도시재생 지원 체계와 도시재생 종합 정

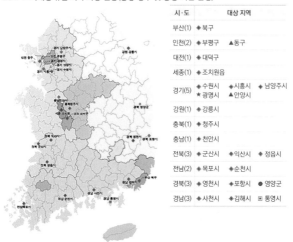

시·도	대상 지역		
부산(1)	◆북구		
인천(2)	◆부평구	▲동구	
대전(1)	◆대덕구		
세종(1)	◆조치원읍		
경기(5)	◆수원시 ◆광명시	◆시흥시 ▲안양시	◆남양주시
강원(1)	◆강릉시		
충북(1)	◆청주시		
충남(1)	◆천안시		
전북(3)	◆군산시	◆익산시	◆정읍시
전남(2)	◆목포시	◆순천시	
경북(3)	◆영천시	◆포항시	◆영양군
경남(3)	◆사천시	◆김해시	▣통영시

2017 도시재생 뉴딜 지역 지정 현황(광역 지자체 선정)

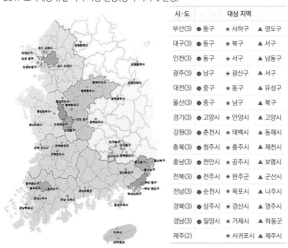

시·도	대상 지역		
부산(3)	●동구	★사하구	▲영도구
대구(3)	●동구	★북구	▲서구
인천(3)	●동구	★서구	▲남동구
광주(3)	●남구	★광산구	▲서구
대전(3)	●중구	★동구	▲유성구
울산(3)	●중구	★남구	▲북구
경기(3)	●고양시	★안양시	▲고양시
강원(3)	●춘천시	★태백시	▲동해시
충북(3)	●청주시	★충주시	▲제천시
충남(3)	●천안시	★공주시	▲보령시
전북(3)	●전주시	★완주군	▲군산시
전남(3)	●순천시	★목포시	▲나주시
경북(3)	●상주시	★경산시	▲영주시
경남(3)	●밀양시	★거제시	▲하동군
제주(2)		★서귀포시	▲제주시

도시재생 뉴딜 시범 사업 대상지 위치도

2017년 5월 문재인 정부의 출범과 함께 도시재생 사업은 도시재생 뉴딜이라는 대규모 정책 사업으로 확장 개편되었다. 2016년에 선정된 16곳의 기존 도시재생 사업 지역에 더해서, 2017년 12월에 총 68곳(중앙정부 선정 15곳, 공공기관 제안 9곳, 광역 지자체 선정 44곳)의 1차 도시재생 뉴딜 시범 사업 대상지가 선정되었으며, 2018년 2차 도시재생 뉴딜 사업으로 총 99곳(중앙정부 선정 30곳, 광역 지자체 선정 69곳)이 선정되었다. 이와 같이 문재인 정부 임기 중에 매년 총 100곳 내외의 대상지가 선정되어 사업이 지속되었다.[7]

보 체계는 도시재생 사업 관련 법적, 제도적, 실무적 의사결정 및 사업 수행을 지원하였다. 2017년 5월 문재인 정부의 출범 이후에는 도시 쇠퇴가 일자리 감소와 긴밀하게 연결되어 있다는 문제 인식에 따라, 도시재생과 뉴딜의 결합으로 이루어진 도시재생 뉴딜이 일자리 창출의 파급 효

표27. 도시재생 뉴딜의 사업 유형[8]

사업 유형	사업 내용
우리 동네 살리기 (소규모 주거)	생활권 내에 도로 등 기초 기반 시설은 갖추고 있으나 인구 유출, 주거지 노후로 활력을 상실한 지역에 소규모 주택 정비 사업 및 생활 편의 시설 공급함으로써 마을 공동체 회복
주거지 지원형 (주거)	원활한 주택 개량을 위해 골목길 정비 등 소규모 주택 정비의 기반을 마련하고, 소규모 주택 정비 사업 및 생활 편의 시설 공급 등으로 주거지 전반의 여건 개선
일반 근린형 (준주거)	주민 공동체 활성화와 골목 상권 활력 증진을 목표로 주거와 골목 상권이 혼재된 지역을 대상으로 주민 공동체 거점 조성, 마을 가게 운영, 보행 환경 개선 진행
중심 시가지형 (상업)	원도심의 공공 서비스 저하와 상권 쇠퇴가 심각한 지역을 대상으로 공공 기능 회복과 역사·문화·관광과의 연계를 통한 상권의 활력 증진
경제 기반형 (산업)	국가·도시 차원의 경제적 쇠퇴가 심각한 지역을 대상으로 복합 앵커 시설 구축 등을 통해 새로운 경제 거점을 형성하고 일자리를 창출

표28. 도시재생 뉴딜의 사업 유형별 특징[9]

구분	주거 재생형		일반 근린형	중심 시가지형	경제 기반형
	우리 동네 살리기	주거지 지원형			
법정 유형	–	근린 재생형	근린 재생형	근린 재생형	경제 기반형
기존 사업 유형	(신규)	일반 근린형	일반 근린형	중심 시가지형	경제 기반형
사업 추진·지원 근거	(국가균형발전특별법)	도시재생 활성화 및 지원에 관한 특별법	도시재생 활성화 및 지원에 관한 특별법	도시재생 활성화 및 지원에 관한 특별법	
활성화 계획 수립	필요시 수립	수립 필요	수립 필요	수립 필요	
사업 규모 (권장 면적)	소규모 주거 (5만m² 이하)	주거 (5만m²~10만m² 내외)	준주거, 골목 상권 (10만m²~15만m² 내외)	상업, 지역 상권 (20만m² 내외)	산업, 지역 경제 (50만m² 내외)
대상 지역	소규모 저층 주거 밀집 지역	저층 주거 밀집 지역	골목 상권과 주거지	상업, 창업, 역사, 관광, 문화 예술 등	역세권, 산업 단지, 항만 등
국비 지원 한도/ 집행 기간	50억 원/ 3년	100억 원/ 4년	100억 원/ 4년	150억 원/ 5년	250억 원/ 6년
기반 시설 도입	주차장, 공동 이용 시설 등 생활 편의 시설	골목길 정비, 주차장, 공동 이용 시설 등 생활 편의 시설	소규모 공공·복지· 편의 시설	중규모 공공·복지· 편의 시설	중규모 이상 공공·복지· 편의 시설

과가 큰 거점을 중심으로 추진되었다.[10] 하지만 도시재생 뉴딜 역시 도시 재생 사업의 연속선 상에서 '표27'과 '표28'에서 보는 것과 같이, 기존과 대동소이하게 사업 유형의 변화만을 보이면서 추진된 한계가 있었다.

스마트시티는 오늘날 전 세계적으로 빈번하게 통용되고 있으나, 실제 정의가 수백여 가지에 이를 정도로 개념적으로 다양하며, 혼재되어 사용되고 있다.[11] 스마트시티라는 용어는 2010년 이후에 전 세계적으로 활발하게 사용되기 시작했고, 특히 중국이나 인도 등 아시아를 중심으로 많이 사용되고 있다.[12] 본질적으로 스마트시티는 정보 통신 기술과 도시 건설 및 관리가 융합한 개념이라 할 수 있다. 역사적으로 볼 때 전 세계의 스마트시티는 크게 세 단계에 걸쳐 진화되어 왔으며, 한국의 스마트시티 역시 유사한 역사적 경과를 거쳐 형성되었다. 스마트시티의 1단계는 1990년대 중반 디지털시티Digital City의 등장과 함께 태동했다. 이 시기에는 온라인상의 도시 네트워크 구축 및 시민 활동 가상공간 조성 등을 시도하였으나, 실제로는 생태 도시Eco City, 지속가능 도시Sustainable City 등의 프로젝트가 주도하였다. 2단계에는 2003년 한국을 중심으로 가상과 현실 공간을 융합하는 전면적 도시 정보화의 기술 주도형 유비쿼터스 도시Ubiquitous City가 시도되었다. 3단계는 2012년 이후 데이터 분석 및 플랫폼 기술의 발전과 개발도상국의 도시 개발 수요가 결합되면서 전 세계적으로 빠르게 확산되었는데, 이것이 오늘날 우리가 말하는 스마트시티 Smart City다. 중앙정부의 스마트시티는 2018년 1월 스마트시티 추진 전략과 함께 본격화되었으며, 이에 따라 문재인 정부 임기 중에 세종5-1생활권과 부산 에코델타시티가 스마트시티 국가 시범 도시로 선정되어 역점 사업으로 추진되었다.

세종 스마트시티 기본 구상안(2018)

리빙	소셜	퍼블릭
주택	중규모 근린생활시설	학교(초중고 각 2개)
사무실	유치원	도서관
소규모 근린생활시설	공원	전시 및 공연장
어린이집	소규모 공연장	중규모 병원
소규모 공원	체육시설	마트
		컨벤션 센터

팜 밸리
도시기반 건물형 스마트팜
에너지팜
테스트베드

Over Path

원형보존지

원형보존지

P

내부도로 구조   리빙, 소셜, 퍼블릭 구조   이노베이션 밸리 : 행복도시와 가까운 위치에 분포

코워킹 공간   도시데이터분석 센터
스마트 빌딩   테스트베드
R&D 센터   숙소

세종 스마트시티 밑그림(2019)

스마트 테크랩
AI 데이터센터
혁신성장 진흥구역
스마트 교육
BRT 정류장
소유차 제한구역
자율주행도로
BRT 정류장
제로 에너지 타운
제로에너지 타운

세종5-1생활권 스마트시티 국가 시범 도시 계획안

세종5-1생활권 스마트시티 국가 시범 도시는 당초 카이스트 바이오 및 뇌공학과의 정재승 교수가 총괄 계획가(Master Planner)를 맡아 2021년 준공을 목표로 추진되었다. 세종 스마트시티 사업은 세계에 유례없는 스마트시티의 실험장을 지향하면서, 기존의 건축, 도시, 조경 분야 등이 주도하는 도시 개발이 아니라, 4차 산업혁명 관련 신기술의 활용과 적용에 중점을 두고 계획안을 도출하고자 하였다. 2018년 7월 16일에 발표된 기본 구상안은 도시계획상 용도지역 구분을 없애고 공유 차량을 중심으로 도시를 계획하였다.[13] 이에 대한 발전안으로 2019년 2월 13일에 발표된 계획안은 기본 구상안의 개념적이면서 이상적인 공간 구성이 현실적으로 많이 정리되었으며, 공유 차량과 자율 주행 도로 구간도 대폭 축소된 것을 알 수 있다.[14] 2024년 현재 세종 스마트시티는 아직도 진행 중에 있으며 최종적으로 어떻게 완성될지 그 귀추가 주목되고 있다.

도시재생 뉴딜과 스마트시티의 계획 지향과 공간 실험

도시재생 뉴딜과 스마트시티는 흥미롭게도 사업 시행을 위한 충분한 준비 기간과 시행착오의 경험이 사전에 있었다. 도시재생 뉴딜은 국가 R&D의 하나였던 도시재생사업단(2006~2014)에서의 오랜 연구가 밑바탕이 되었으며, 스마트시티 역시 2003부터 시행된 U-City 사업의 여러 시행착오가 현재의 자양분이 되었다.[15] 이와 같은 사전 준비와 여러 경험들로 인해, 도시재생 뉴딜과 스마트시티는 사업의 안정적 시행을 위한 법적, 제도적 장치가 이미 마련되어 있었다. 도시재생 뉴딜은 "도시재생 활성화 및 지원에 관한 특별법(약칭 도시재생법)"을 따르는데, 이것은 노무현 정부 임기였던 2003년 6월 제정되었다. 반면 스마트시티는 2017년 3월 제정된 "스마트도시 조성 및 산업진흥 등에 관한 법률(약칭 스마트도시법)"을 따르고 있는데, 이것의 모태가 된 "유비쿼터스 도시의 건설 등에 관한 법률"은 이명박 정부 임기였던 2008년 3월 제정되었다. 결국 도시재생 뉴딜과 스마트시티는 오랜 학술적, 실무적 준비가 있었기 때문에 문재인 정부는 오히려 사업의 실질적 효과가 반드시 나타나야 하는 책임 또는 부담감이 있었다.

도시재생 뉴딜과 스마트시티는 본질적으로 도시의 도시화 또는 도시의 고도화를 통해 도시 성능을 향상시킬 수 있는 정교한 도시 만들기를 지향하고 있다. 물론 도시재생 뉴딜은 원도심의 물리적, 사회적, 경제적 살리기에 초점이 있는 반면, 스마트시티는 ICT 기술에 기반한 신도시 건설에 보다 방점이 있지만, 두 사업 모두 기존의 도시보다 질적으로 높은 성능을 가진 도시 만들기를 목표로 하고 있다. 원론적으로 도시재생 뉴딜은 과거 또는 현재지향적 성격이 강하며, 스마트시티는 미래지향적 성격이 강하다고 할 수 있다. 하지만 문재인 정부 임기 중에 도시재생 뉴딜

도시재생 뉴딜 로드맵

스마트시티의 하루

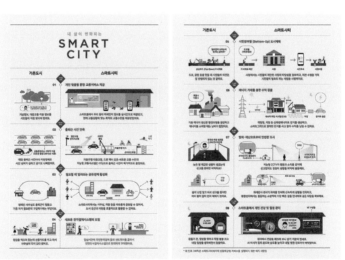

도시재생 뉴딜과 스마트시티 설명서

도시의 도시화를 보여주는 도시재생 뉴딜과 스마트시티는 한국 도시화 50년의 다른 공간 사례들과 달리 두 사업의 우수성 및 정당성을 보여주는 여러 설명서들이 제작되었다. 이것은 마치 핸드폰이나 자동차를 구입하였을 때 받는 사용 설명서처럼 도시의 새로운 비전과 기능 그리고 긍정적 변화들을 제시하였다. 이를테면 도시재생 뉴딜은 소규모 정비 사업 등을 통해 원도심이 활성화되고 정주 여건이 개선되는 점을 보여 주었다.[16] 반면 스마트시티는 ICT 핵심 기술을 통한 도시 서비스로 우리의 일상이 혁신적으로 달라진다는 점을 제시하였다.[17]

과 스마트시티는 명칭뿐만 아니라 개념까지도 서로 빈번하게 융합되는 경향이 있었다. 이를테면 스마트 도시재생 뉴딜의 개념은 이와 같은 융합이 시작되는 중요한 사례였다.

구체적으로 도시재생 뉴딜과 스마트시티의 공간 실험을 살펴보면, 두 사업 모두 기존 선례들과의 비교를 통해 사업의 우수성 및 정당성을 입증하려는 강한 특징이 있다. 이를 위해 마치 핸드폰이나 자동차와 같은 사용 설명서가 제작되는 것을 볼 수 있다. 이를테면 도시 개발과 도시재생의 개념적 비교, U-City와 스마트시티의 도시 서비스 비교 등은 중앙정부가 도시의 도시화를 추구하기 위해 시도한 익숙한 전략이라고 할 수 있다. 또한 도시재생 뉴딜과 스마트시티는 기존의 사업이 보이던 물리적 성격을 넘어서, 보다 종합적이며 융복합적인 특징을 보인다. 하지만 두 사업 모두 실제 사업이 시행될 때에는 물리적 개선이 여전히 중요한 사업의 목표이며, 물리적 개선 없이는 사업이 본격적으로 촉발되기 어려운 특징을 보였다. 이뿐만 아니라 도시재생 뉴딜과 스마트시티는 기존의 사업에 비해, 사업비 규모나 공간적 범위가 다양한 편이다. 실제로 도시재생 뉴딜의 경제 기반형과 근린 재생형 사업 유형 사이에는 사업비와 공간 범위의 상당한 차이가 있지만, 이 모든 사업을 아우르는 개념은 결국 도시재생 뉴딜이기 때문이다. 스마트시티 역시 기존 소규모 도시에서 대규모 신도시 건설에 이르기까지 다양하게 적용 가능한 사업으로 오늘날 점점 더 진화되었다.

도시재생 뉴딜과 스마트시티 시기의 도시 그리고 오늘날

2020년대 중앙정부에 의해 도시의 도시화가 추진되었다는 것은 분명 한국의 도시화가 이제는 거의 양적으로는 완성 상태에 도달하였다는 것을 의미한다. 한국은 도시화 역사 50년 만에 더 이상 도시화가 양적으로 진전되기 힘들만큼 진행되었으며, 이제는 도시화의 질적 완성도가 추구되어야 한다는 것은 상당히 고무적인 일이라 할 수 있다. 그럼에도 불구하고 2020년대 도시재생 뉴딜과 스마트시티는 예전의 급속한 도시화 시기 못지않게 전국적으로 그리고 동시다발적으로 분주하게 일어났다. 이와 함께 도시재생 뉴딜과 스마트시티의 본질적 가치마저 훼손하는 듯한 여러 움직임도 있었다. 특히 도시재생 뉴딜은 문재인 정부 임기 중의 부동산 광풍으로 인해 실제 정책적 가치와 효과가 폄하되었으며, 도시재생 뉴딜을 핵심 정책 공약으로 제시한 정부가 3기 신도시를 추진하는 모순을 보여 주었다.

결과적으로 도시재생 뉴딜과 스마트시티가 우리의 지속가능한 미래도시 대안으로서 앞으로 역할을 수행할 수 있을지는 상당히 미지수다. 더욱이 중앙정부의 정책과 주도권 하에서 그것은 실현가능하기 어렵다는 의구심마저 있다. 도시재생 뉴딜과 스마트시티는 한국 도시화 50년이 만들어낸 인구, 산업, 교육, 환경 등의 기울어진 운동장, 다시 말해 서울과 지방 그리고 구도심과 신도심 사이의 공간 양극화 극복에 대해 신뢰할 만한 성과를 문재인 정부 임기 중에 제시하지 못했다. 어찌 보면 문재인 정부는 도시재생 뉴딜과 스마트시티에 처음부터 실현하기 어려운 목표를 설정하였는지도 모르겠다. 이제 한국의 공간 양극화 문제는 점점 더 우리가 양극화의 존재를 결국 어디까지 인정하고 수용하는가의 문제가 되어가고 있다고 할 수 있다. 현재로서 우리가 취할 수 있는 자세는 크게 두 가지 정도 존재한다. 첫째, 현 상태를 새로운 표준(뉴 노멀)으로 간주하고, 현재의 도시 양극화를 인정하는 것이다. 둘째, 현 상태를 바람직하지 않은 상태로 바라보고, 현재의 도시 양극화를 개선하기 위한 모든 노력을 기울이는 것이다.

이와 같은 맥락 하에서, 2020년대 문재인 정부는 마치 둘째 전략을 취하는 것 같으면서도, 실질적으로는 첫째 방향으로 향한 것이 아닌가 하는 생각마저 들게 한다. 이를테면 도시재생 뉴딜을 전국적으로 추진하면서도 서울 인근에 3기 신도시를 추진하였으며, 스마트시티는 원도심 활성화보다는 대규모 신도시 건설에 초점을 맞추었기 때문이다. 도시재생 뉴딜과 신도시 건설의 아이러니 속에서 정부의 무게 추는 과연 어디에 있었던 것일까? 5년마다 대통령뿐만 아니라 정권까지 교체가능한 우리나라에서 장기적인 공간 정책을 시행하는 것은 정말로 요원한 일일까? 언제까지 하나의 정부 임기 내에서도 민심과 언론에 그때그때 좌우되며, 대증적인 요법으로 일관할 것인가? 그것은 마치 우리 모두가 힘들어하는 교육 제도와 대학 입시 정책을 떠오르게 하는 일이다. 한국 도시화 50년의 실험은 이제는 서서히 견고한 해법을 내려야 할 때가 아닌가 한다.

도시재생 뉴딜과 스마트시티의 리질리언스 평가 및 해석

도시재생 뉴딜과 스마트시티는 2020년대 문재인 정부의 핵심 정책 사업이었다. 도시재생 뉴딜은 주거 복지, 도시 활력, 일자리, 공동체 사업으로 종합적인 성격이 있었으며, 스마트시티는 다양한 혁신 기술을 도시 인프라와 결합하여 도시 문제를 해결하는 사업으로 융복합적인 특징이 있었다. 하지만 두 사업 모두 정부 주도의 강력한 도시화 사업으로서 대규모 물리적 개발을 주도하였다는 것은 부인할 수 없다. 어찌 보면, 2020년대 도시의 도시화는 더 이상 양적인 도시화가 진전될 수 없는 상황에서 질적인 도시화가 본격적으로 일어난 것이라 할 수 있다. 한편으로는 한국의 도시화 50년이 선택과 집중의 도시화로 점철되어 있어 도시 내부에서의 격차조차도 더 이상 묵과할 수 없는 수준에 도달하였다는 것을 입증하는 것이라 할 수도 있다.

도시재생 뉴딜과 스마트시티의 리질리언스 평가 및 해석을 위해, 두 사업이 2017년부터 본격화되어 2022년 윤석열 정부의 등장과 함께 비록 명칭과 내용에서 여러 변화가 있었지만, 여전히 그 사업과 영향이 현재진행형이라는 점에 착안하여 사업 이전과 사업 시기의 두 가지 상태로 살펴보았다. 물론, 두 사업 모두 초창기라는 점을 고려하면, 두 사업의 리질리언스 평가 및 해석은 아직은 시기상조일 수도 있다. 그럼에도 불구하고 도시재생 뉴딜과 스마트시티는 원도심 살리기를 넘어서 도시의 고도화를 통해 양적 개발이 아닌 질적 성장을 추구한다는 점에서 한국 도시화 50년의 역사에서 새로운 전환적 시도라고 할 수 있다. 하지만 이와 같은 패러다임의 전환조차 중앙정부의 계획에 따라 5년이라는 짧은 기간 동안에, 50조원의 막대한 비용이, 500개의 대상지를 중심으로 전국 규모의 사업으로 추진되었다는 것은 분명 시대착오적인 속성이 있다. 실상 도시재생 뉴딜과 스마트시티는 중앙정부만의 사업이 아니라, 수많은 지방자치단체와 공기업의 사업으로도 유사하게 진행되었다. 급기야 도시재생 뉴딜과 스마트시티는 정권의 아젠다를 넘어, 마치 시대의 키워드처럼 사람이나 분야에 관계없이 범용적으로 사용하는 어휘가 되었다는 것은 실로 놀라운 일이었다고 할 수 있다.

요약하자면, 도시재생 뉴딜과 스마트시티는 도심의 건조·사회·생태 환경의 체제 재구성 및 변환Regime Reorganization and Shift을 일으키는 사건이라고 해석할 수 있다. 구체적으로, 도심의 건조 환경과 사회 환경 및 생태 환경은 '표29'에서 보는 것과 같이 상호 긴밀한 관련을 맺고 있다. 2020년대 도시재생 뉴딜과 스마트시티가 얼마나 도심의 물리적 공간을

표29. 도시재생 뉴딜과 스마트시티의 리질리언스 평가 및 해석[18]

	도시재생 뉴딜과 스마트시티 이전 (2017년 이전)	도시재생 뉴딜과 스마트시티 시기 (2017년 이후)
건조 환경	$\Omega \rightarrow \alpha$: 쇠퇴의 시기 도심 건조 환경의 쇠퇴	$\alpha \rightarrow r$: 재구성의 시기 도심 건조 환경의 개선
사회 환경	$\Omega \rightarrow \alpha$: 쇠퇴의 시기 도심 인구의 감소와 고령화	$\alpha \rightarrow r$: 재구성의 시기 도심 인구의 이동과 영향
생태 환경	$\Omega \rightarrow \alpha$: 쇠퇴의 시기 도심 생태계의 방치	$\alpha \rightarrow r$: 재구성의 시기 도심 생태계의 개선

개선하고, 본래의 종합적이며 융복합적인 목적을 달성하였는지는 아직은 미지수다. 사실, 나는 두 사업에 대해 처음부터 기대보다 여러 우려가 있었다. 앞으로도 두 사업이 반드시 성공하기를 바라지만, 만만치 않은 여정이 될 것이다. 우리의 선택이, 우리의 미래를 그리고 우리의 리질리언스를 결정할 것이라 믿는다.

1. "도시", 표준국어대사전, 2024년 12월 1일 접속(https://ko.dict.naver.com/#/entry/koko/d581 735c667a43aab3d0897efab33924)

2. "문재인의 '내 삶을 바꾸는 정권교체', 도시재생 뉴딜", 더불어민주당 제19대 대통령선거자료, 2024 년 12월 1일 접속(https://youtu.be/JwXkf1-ad28?si=qDw0xs9UNr8Y_zxR)

3. 송원영, "문재인 후보 매년 100곳, 도시재생", 「뉴스1」 2017년 4월 9일, 2024년 12월 1일 접속 (http://news1.kr/photos/details/?2474376)

4. 정희완, "문재인 매년 10조 투입해 도시재생 뉴딜 추진", 「경향신문」 2017년 4월 9일.

5. 임현성·김충호, "도시쇠퇴의 공간적 실태분석 및 정책개선방향 고찰: 부산시 부산진구의 사례를 중심 으로", 「국토계획」, 2019, pp.186~187.

6. 도시재생사업단, 「도시재생 R&D 종합성과집」, 2014.

7. "도시재생뉴딜 사업 대상지", 정책위키, 2024년 12월 1일 접속(http://www.korea.kr/special/ policyCurationView.do?newsId=148863980)

8. "도시재생 뉴딜이란", 도시재생 종합정보체계, 2024년 12월 1일 접속(http://www.city.go.kr/ portal/policyInfo/newDeal/contents05/link.do)

9. "도시재생 뉴딜이란", 도시재생 종합정보체계, 2024년 12월 1일 접속(http://www.city.go.kr/ portal/policyInfo/newDeal/contents05/link.do)

10. "내 삶을 바꾸는 도시재생 뉴딜 로드맵", 국토교통부, 2024년 12월 1일 접속(http://www.molit. go.kr/USR/NEWS/m_71/dtl.jsp?id=95080559)

11. "스마트시티", 정책위키, 2024년 12월 1일 접속(http://www.korea.kr/special/policyCuration View.do?newsId=148863564)

12. Annalisa Cocchia, "Smart and Digital City: A Systematic Literature Review", *Smart City*, 2014.

13. 김범수, "스마트시티 밑그림: 정부, 1조7000억 들여 세종·부산에 스마트시티 조성", 「조선비즈」 2018년 7월 16일.

14. 곽우석, "1조 5천억 투입, 세종시 스마트시티 '밑그림' 나왔다", 「세종의소리」 2019년 2월 13일.

15. 문보경, "2018 신년기획: 국내 스마트시티 현황은", 「전자신문」 2018년 1월 3일.

16. "도시재생 뉴딜이란", 도시재생 종합정보체계, 2024년 12월 1일 접속(http://www.city.go.kr/ portal/policyInfo/newDeal/contents05/link.do)

17. "스마트시티의 하루", 정책위키, 2024년 12월 1일 접속(http://www.korea.kr/special/policy CurationView.do?newsId=148863564)

18. 본 표에서 사용한 리질리언스 이론의 용어 및 개념은 '6장. 1970년대 공간의 탄생: 농촌의 도시화'에 상세하게 서술하였음.

11.

대한민국 공간은
과연
지속가능한가?

한국 도시화 50년의 차이와 반복

지금까지 한국 도시화 50년의 거시적이며 미시적인 현황과 메커니즘, 그리고 이에 따른 구체적 공간 사례를 숨 가쁘게 살펴보았다. 이제 본 비평을 처음 시작하였을 때의 글을 다시금 돌아보고자 한다.

"2024년을 마무리 하고 있다. 나는 올해 만으로 마흔다섯 살이 되었다. 대학을 가기 전까지 20년, 대학을 입학한 후 25년의 시간이 흘렀다. 40여 년 넘게 살면서 언젠가부터 나의 개인적인 삶이 사회와 역사의 도도한 흐름과 함께 한다는 생각이 들기 시작했다. … 본 비평은 우리 사회와 역사가 가졌던 거대한 힘과 이것이 초래한 여러 단절적 전환이 어떻게 오늘날의 물리적 세계에 영향을 주었는가에 대한 관심에서 출발하였다. 여기에서 나아가, 본 비평은 시간적으로 지난 50여 년을, 공간적으로 대한민국을 중심으로 일어난 물리적 세계의 변화를 '한국 도시화 50년'으로 규정하고, 이를 통해 일어난 대한민국 공간의 탄생과 변화를 비평적으로 논하고자 한다. 한국의 도시화는 일견 사회적 현상이자 역사의 기록으로만 여겨질 수 있지만, 사실은 내 부모 세대의 이야기이자, 내 세대의 이야기이며, 내 자식 세대의 이야기다."

본 비평의 지난 여정이 처음에 꿈꾸었던 물음들에 대해 얼마나 진지하게 탐구하였는지는 아직은 잘 모르겠다. 이번 장에서는 그동안의 논의를 요약 정리하며, 한국 도시화 50년의 부산물인 대한민국 공간의 지속가능성에 대해 다음과 같은 본질적 물음을 던지고자 한다. "대한민국 공간은, 아니 대한민국 사회는 과연 지속가능한가?" 본 비평은 공간의 지속가능성과 사회의 지속가능성이 불가분의 관계에 있으며, 한국 도시화 50년이 이와 같은 공간과 사회의 지속가능성에 커다란 변화를 초래하였다는 전제에서 출발하였다. 그래서 한국 도시화 50년의 물리적 변화와 이에 따른 사회생태적 영향을 추적하였다. 본 비평에서 지금까지 일관되게 주장하였던 바와 같이, 한국 도시화 50년 동안 정부 주도의 도시화와 대규모 물리적 개발은 대한민국 공간의 탄생과 변화에 가장 중요한 인자로 작용하였다.

본 비평은 한국 도시화 50년의 공간 사례를 '표30'과 같이 시대별로 탐구하였다. 한국 도시화 50년은 전반적으로 너무나 야심차고 열정적인 시기로 볼 수 있지만, 시대별로 살펴보면 단절적이며 전환적인 모습을 손쉽게 찾아볼 수 있다. 그래서 한국 도시화 50년은 차이와 반복의 역사로 규정할 수 있다. 시대별로 새로운 지도자가 등장했고, 새로운 도시화 목표를 향해, 새로운 대상에 대한 도시화가 이루어졌지만, 한국 도시화 50년에 걸쳐 놀랍게도 중앙 정부 주도의 '새로운 도시 만들기'가 항상 진행되었다. 한국 도시화 50년은 도시화 내용의 차이와 도시화 메커니즘의 반복으로도 설명 가능하다. 이에 따라, 이번 장에서는 '새로운 도시 만들기'의 공과를 논의하고, 과연 앞으로도 이것이 지속가능한가에 대해 비

표30. 중앙정부의 '새로운 도시 만들기'의 시대별 목표와 주요 사례 및 대상

시대	목표	주요 사례	주요 대상
1970년대	농촌의 도시화	새마을운동	전국의 모든 농촌 마을: 33,000개 이상
1980~1990년대	근교의 도시화	1기 신도시와 200만 호 주택 건설	1기 신도시: 수도권 5대 신도시(분당, 일산, 중동, 평촌, 산본) 전국적으로 주택 200만 호 건설
2000년대	지방의 도시화	행정중심복합도시와 지방 혁신도시	180개 공공기관 지방 이전 행정중심복합도시: 충남(세종) 지방 혁신도시: 대략 시도마다 1개씩 10곳(강원, 충북, 전북, 광주·전남, 대구, 경북, 울산, 부산, 경남, 제주)
2010년대	자연의 도시화	4대강 자전거길과 코리아 둘레길	국토 총주 자전거길: 4대강 주변 1,853km 코리아 둘레길: 한반도 외곽 4,500km
2020년대	도시의 도시화	도시재생 뉴딜과 스마트시티	도시재생 뉴딜: 5년간 총 50조 원을 전국 500여 곳에 투자 스마트시티: 국가 시범 도시(세종, 부산), 10년간 민간 투자를 포함해 총 10조 원 투자

평하고자 한다.

한국 도시화 50년의 차이와 반복을 리질리언스 관점에서 보면, 체제 변환Regime Shift'이 끊임없이 일관되게 일어났다고 해석할 수 있다. 체제 변환은 "시스템의 구조와 기능의 측면에서 대규모의 갑작스럽고 지속적인 전환"[1]을 말한다. 다시 말해 체제 변환은 시스템이 기존과는 전혀 다른 상태에 도달하는 것을 의미하며, 이로 인해 기존의 상태로 쉽게 돌아가지 않는 불가역적 특징을 보인다. 결국 한국 도시화 50년은 시스템적 변화의 시기로 불가역적 방향성을 견지하였다고 할 수 있다. 긍정적으로 생각하면, 한국 도시화 50년이 사회의 요구와 여건의 변화에 따라 그때그때 시스템적 변화를 모색했다고 할 수 있다. 반대로 부정적으로 생각하면, 한국 도시화 50년은 과거와의 깊은 단절 속에서 현재와 미래의 변화를 향한 불가역적 전환만을 지속했다고 할 수 있다.

대한민국 공간의 공과: 성공의 기억과 실패의 한계

한국 도시화 50년이 초래한 대한민국 공간의 공과는 무엇일까? 단기적 성공의 기억과 장기적 실패의 한계로 설명하고자 한다. 우선, 한국 도시화 50년의 주요 대상 지역은 1970년대에 농촌에서 시작하여, 1980~1990년대 근교로, 다시 2000년대 지방으로, 2010년대 자연으로, 그리고 2020년대 도시로 이어졌다. 이에 대해 본 비평에서 심도 있게 다루었던 주요 대상 지역에 대한 구체적 정의는 아래와 같다.

- 농촌農村(countryside): 주민의 대부분이 농업에 종사하는 마을이나 지역[2]
- 근교近郊(suburb): 도시의 가까운 변두리에 있는 마을이나 들[3]
- 지방地方(province): ①어느 방면의 땅, ②서울 이외의 지역, ③중앙의

지도를 받는 아래 단위의 기구나 조직을 중앙에 상대하여 이르는
말[4]

- 자연自然(nature): 사람의 힘이 더해지지 아니하고 세상에 스스로 존재하거나 우주에 저절로 이루어지는 모든 존재나 상태[5]
- 도시都市(city): 일정한 지역의 정치·경제·문화의 중심이 되는, 사람이 많이 사는 지역[6]

요약하자면, 한국 도시화 50년의 주요 대상지는 시대별로 중심이 아닌 주변 지역으로서, 한국 도시화 50년 동안 중앙정부는 '새로운 도시 만들기'를 위한 대상지를 찾아 끊임없이 이동하였다고 할 수 있다. 흥미롭게도 한국 도시화 50년에서 시대별로 시행된 농촌의 도시화, 근교의 도시화, 지방의 도시화, 자연의 도시화, 도시의 도시화는 대개 중앙정부의 당초 목표를 크게 상회하는 놀라운 효과를 거두었다. 그럼에도 불구하고 각각의 도시화는 해당 시대 이후에 급격하게 중단되거나 축소되어, 해당 도시화의 지속적인 영향과 효과를 보지 못한 한계를 보였다. 이에 따라 1970년대 농촌의 도시화는 장기적 성공을 거두지 못하여, 2000년대 지방의 도시화가 향후 일어나는 단초가 되었으며, 1980~1990년대 근교의 도시화는 오늘날의 도시화를 촉발하는 중요 원인이 되었다. 나아가 한국 도시화 50년은 중앙정부의 수많은 정책적 노력에도 불구하고, 결과론적으로 오늘날 서울 중심의 기울어진 운동장과 부동산 불패 공화국의 불균형적 공간 문제를 과연 얼마나 해소하였는지, 오히려 더욱 심화시킨 것은 아닌지에 대해 의문을 제기하게 한다. 오늘날 대한민국의 국토는 점점 더 중심과 주변으로 양극화되고 있으며, 그 경제적·사회적·환경적 골은 점점 더 깊어져 가는 것을 알 수 있다.[7]

공간의 탄생, 1970~2022

공간의 리질리언스와 지속가능성: 다양성, 지역성, 자생성

한국 도시화 50년이 만들어낸 공간의 탄생과 변화를 리질리언스와 지속가능성의 관점에서 살펴볼 필요가 있다. 리질리언스는 기본적으로 변화를 이해하고 설명하기 위한 개념어로서 외부의 충격과 변화에 시스템이 본래의 구조와 기능 및 정체성을 유지하는 능력을 말한다. 오늘날 우리말로는 회복력, 복원력, 회복탄력성 등으로 번역되고 있는데, 리질리언스가 크다는 것은 시스템이 그만큼 외부의 충격과 변화를 견디어내는 능력이 크다는 것을 의미하기 때문에, 일반적으로 지속가능성 역시 크다고 할 수 있다. 이에 따라 한국 도시화 50년을 이끌었던 중앙정부 주도의 도시화와 대규모 물리적 개발을 리질리언스와 지속가능성의 관점에서 살펴보면, 한국 도시화 50년은 단순화, 표준화, 종속화로 인해 다양성, 지역성, 자생성 측면에서 취약함을 알 수 있다.

구체적으로 1970년대의 새마을운동은 33,000여 개 이상의 전국 모든 농촌 마을을 대상으로 진입로 확장, 소하천 정비, 슬레이트 지붕 설치 등의 표준화 사업을 지정하여 추진한 탓에 지역만의 다양한 특징을 찾아보기 어렵다. 마찬가지로, 1980~1990년대 1기 신도시와 200만호 건설 계획은 아파트 중심의 대규모 주택 건설로 단기적 주거 안정에 기여하였으나, 현재 재건축 및 재개발 시점이 한꺼번에 다가오고 있기 때문에 새로운 사회적·경제적 부담감이 커지고 있다. 문제는 이뿐이 아니다. 2000년대 행정중심복합도시와 지방 혁신도시, 2010년대 4대강 자전거 길과 코리아 둘레길, 2020년대 도시재생 뉴딜과 스마트시티 모두 단순화, 표준화, 종속화의 동일한 논리를 기반으로 공간이 탄생하고 변화하였다. 이와 같은 시스템은 외부의 충격과 변화를 견디는 능력이 본질적으로 취약할 수밖에 없기 때문에 앞으로는 다양성, 지역성, 자생성을 향상시키는 노력이 절실하다. 더욱이 인구 성장의 시대에서 인구 쇠퇴의 시대로 접어들고 있는 이 시점에서 앞으로는 기존과는 완전히 다른 유형의 충격과 변화가 도래할 것으로 판단된다. 그럼에도 여전히 중앙정부 주도의, 전국 규모를 대상으로 하는, 일반적 매뉴얼 중심의 도시화가 지속되고 있다는 우려를 지우기 어렵다. 이제는 시스템의 자기조직화self-organizing 능력을 극대화하는 방향으로 공간의 리질리언스와 지속가능성을 비약적으로 향상시키는 것이 요구된다.

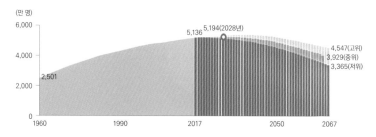

대한민국 인구 변화 추세 및 미래 인구 추계, 1960~2067
한국의 지난 50년과 앞으로의 50년은 분명 다른 시기가 될 것이다. 2019년 3월 28일 통계청의 미래 인구 추계에 따르면, 중위 추계 인구 시나리오 기준으로 2028년에 5,194만 명을 정점으로 한국의 인구는 지속적으로 감소하게 되며, 2067년에 이를수록 1970년의 인구와 점점 유사해지는 것을 알 수 있다. 이와 같은 인구의 변화를 우리는 어떻게 해석할 수 있을까? 한국 도시화 50년의 시기가 특이하게 인구가 많았던 시기인 것일까? 아니면 한국 도시화 50년 이후 앞으로의 시기가 특이하게 인구가 적은 시기가 될까? 이에 대한 해석은 사람마다 분분하겠지만, 그럼에도 불구하고 한 가지 분명한 것은 우리는 한반도의 인구 역사에서 유례없이 특이한 시기를 살아가는 사람들이라는 것이다.

표31. 대한민국 인구 변화 추세 및 미래 인구 추계, 1960~2067[8]

지표	시나리오	1960	1970	1980	1990	2000	2017	2020	2030	2040	2050	2060	2067
총 인구 (만 명)	중위 추계	2,501	3,224	3,812	4,287	4,701	5,136	5,178	5,193	5,086	4,774	4,284	3,929
	고위 추계						5,136	5,194	5,341	5,355	5,161	4,808	4,547
	저위 추계						5,136	5,164	5,065	4,831	4,401	3,801	3,365

오늘의 사람은 50년 전의 사람과 다르다

어쩌면 당연한 이야기이겠지만, 앞으로의 도시화나 공간 문제는 지난 한국 도시화 50년의 그것과는 상당히 다를 것으로 판단된다. 당연하게도 오늘날의 한국 사람들과 사회가 예전과는 많이 달라졌기 때문이다. 본 비평에서 한국 도시화 50년의 출발점으로 삼은 시기는 1차 국토종합개발계획과 새마을운동이 시작한 1970년이었다. 당시는 1962년 이래로 계획 국가가 형성되고 이에 따른 플레이어가 구성되었으며, 중앙정부 중심의 권위적 토대가 마련되어 있던 시기였다.[9] 이에 따라, 한국 도시화 50년의 거시적이며 일상적인 메커니즘은 오늘날까지 거의 유사하게 작동했다. 하지만, 소위 말하는 이와 같은 박정희 체제는 2017년 촛불 집회로 인한 박근혜 대통령 탄핵 이후 더 이상 유지되는 것이 불가능해 보인다. 오늘날 사회와 문화 전반의 개혁에 대한 요구는 봇물 터지듯 계속되고 있으며, 이로 인한 사회적·문화적 체제 변환은 앞으로 점점 더 가속화될 것으로 전망된다.

그럼에도 오늘날 여전히 중앙정부 중심의 체제 유지와 대규모 물리적 개발에 따른 막대한 예산 소진 및 방대한 인력 동원 역시 빈번하게 관찰된다. 심지어 기존의 도시 개발의 대척점에 있다고 판단되는 도시재생이나 마을 만들기에서조차도 정부 주도의 대규모 재원 소모 및 관제적인 주민 동원의 모습이 보이며, 나아가 거주민을 무임승차의 민원인으로 만드는 한계 역시 관찰되고 있다. 앞으로 정부의 바람직한 역할과 주민의 자발적 의지에 대한 명확한 성찰과 실질적 책임이 점점 더 요구된다고 할 수 있다. 한편 앞으로의 도시화와 공간 문제에 대한 새로운 흐름은 한국의 저출산과 고령화 등의 전반적 인구 변화 경향 속에서 다시는 과거로 되돌리기 힘들 것으로 판단된다. 이제는 사회적·문화적·인구적 체제 변

권위주의에서 시민주의로 정치적 체제 변환
1960년대 계획 국가의 형성과 함께 한국 도시화 50년을 이끌었던 권위주의 체제는 점점 종언을 고하고 있다. 중앙정부 중심의 권위주의 체제가 지녔던 합리성과 효율성, 현실성을 전면적으로 부정할 수는 없지만, 이와 같은 리더십이 더 이상 온전하게 지속될 것이라고 생각하는 사람은 없을 것이다. 하지만 시민주의 자체가 오늘날의 수많은 문제 해결 방법으로 역할을 하리라 보지는 않는다. 결국 정치적 체제 변환 속에서 새로운 문제 해결 방법을 찾아야만 하는 시대가 도래하였다고 할 수 있다.

환을 새로운 표준(뉴 노멀, New Normal)으로 받아들이고, 이에 따라 앞으로의 도시화와 공간 문제를 성찰해야 하는 시점에 점점 이르고 있다. 사실 새로운 체제 변환으로 인한 본격적 변화는 아직 시작되지도 않았다.[10]

결국 공간은 문화의 문제다

대한민국의 공간과 사회의 지속가능성 문제는 결국 문화의 문제로 귀결된다. 오늘날 우리의 공간 문제를 정부 주도의 법이나 제도, 그리고 계획의 문제만으로 해결하는 것은 사실상 불가능해 보인다. 중앙정부의 리더십은 점점 더 힘을 잃어가고 있으며, 대부분의 지방정부나 도시정부는

스마트시티 융합 얼라이언스

**기업·기술 간 융합을 통해 시민의 삶의 질뿐만 아니라
행복 그 이상의 미래를 꿈꿀 수 있게 하는 스마트시티**

ㅅ	스마트시티 'ㅅ'	스마트시티를 통한 새로운 도시모델 및 산업모델은 사람(人, 시민)들의 삶의 질 향상을 넘어 행복한 미래를 꿈꿀 수 있게 만든다.
●	융합 'ㅇ'	다양한 민간 기업의 융합을 통해 새로운 기술을 창조하고 이러한 기술 창조는 우리가 꿈꾸는 모든 것이 가능한 미래 비전을 제시한다.
●	얼라이언스 'ㅇ'	스마트시티를 구성하는 시민, 문화 그리고 기술의 만남은 융합 그 이상의 창조 시너지를 발현하여 역동적이고 행복한 삶을 약속한다.

스마트시티 융합 얼라이언스
문재인 정부는 세종5-1생활권과 부산 에코델타시티를 중심으로 하는 스마트시티 국가시범도시 사업을 적극 추진하였다. 스마트시티는 정보 통신 기술을 활용한 도시 문제의 해결을 기본 개념으로 하는데, 이를 위해서는 주민이 원하는 스마트시티 서비스 발굴 및 이것의 지속적 운영을 위한 비즈니스 모델 창출이 필수적이다. 스마트시티는 정부 주도의 도시화와 대규모 물리적 개발만으로는 성공을 담보하기 어려운 민·관·공 협력 사업이라 할 수 있다. 이에 따라 2019년 2월 13일 중앙정부는 민간 기업 주도의 스마트시티 융합 얼라이언스를 발족하였다.[11] 그럼에도 2020년대 스마트시티는 한국 도시화 50년의 새로운 도시 만들기의 연속 선상에 있으며, 더욱이 본질적으로 도시화를 통한 산업화라는 것을 알 수 있다.[12]

자족적이며 지속가능한 재원을 점점 더 확보하기 어려워지고 있다. 이뿐만 아니라, 중앙정부에서 일방적으로 지역의 문제를 한꺼번에 해결하기에는 지역의 문제가 상당히 어렵고, 복잡하며, 다양하다. 이제는 공간을 만드는 문화, 공간을 바꾸는 문화가 일상적으로 그리고 지역적으로 형성되어 나가야 한다.

이를 위해 행정적인 공무원이 아니라, 실질적으로 공간을 만들고 바꾸어 나가는 다양한 주체가 필요하며, 이들 사이의 민주적인 관계와 동반자적인 협력이 필수불가결하다. 오늘날 이러한 새로운 관계 설정을 위한 문화적 흐름이 관찰되기도 한다. 민관 협력Public-Private

Partnership(PPP)이나 이를 넘어서는 시민 참여 민관 협력Public-Private-People Partnership(4P) 등이 이에 해당한다. 그럼에도 불구하고, 이들 모두 여전히 정부 주도의 또는 정부의 리더십에 기반하여 이루어지는 것이 일반적이다. 현실적으로 정부 주도의 계획 국가적 색채가 강한 한국의 특수성을 고려한다고 할지라도, 앞으로 새로운 문화를 향한 수많은 노력과 개선의 여지가 필요해 보인다. 더욱이 대한민국의 공간, 심지어 서울의 공간이 청계천 복원, 서울로 7017 등 정부 주도의 대규모 사업만으로 설명되어서는 안 된다. 우리의 공간은 일상적으로 우리 주변에 있어야 하며, 우리의 기억과 정체성을 담으며 지속적으로 존재할 수 있어야 한다. 그것이 대한민국의 공간과 사회를 지금보다 더욱 더 지속가능하게 하리라 믿는다.

본 비평의 글쓰기 과정이 생각한 것보다 상당히 힘든 일이었음을 밝히고 싶다. 한국 도시화 50년의 구체적 공간 사례들은 모두 국정의 주요 과제였지만, 구체적 사료가 많이 남아 있지 않은 탓이다. 그럼에도 한국 도시화 50년의 역사는 우리의 격변한 정치사나 경제사 못지않게 무겁다는 것을 주지할 필요가 있다. 한국 현대사에 대한 정확한 사실과 이에 대한 학문적 비평은 여전히 조심스러우며, 논란의 여지가 많다. 글을 쓰고 있는 바로 지금도 한국 현대사에 대한 글쓰기를 둘러싸고 소위 좌우, 보수와 진보의 싸움이 계속되고 있기 때문이다.

1. Biggs, R., T. Blenckner, C. Folke, L. Gordon, A. Norstrom, M. Nystrom, and G.D. Peterson, "Regime Shifts" In A. Hastings & L. Gross (Eds), *Encyclopedia of Theoretical Ecology*, Ewing, NJ: University of California Press, 2012, pp.609-624.

2. "농촌", 표준국어대사전, 2024년 12월 1일 접속(https://ko.dict.naver.com/#/entry/koko/f55942e7df714b8dab663ee77e3110d8)

3. "근교", 표준국어내사전, 2024년 12월 1일 접속(https://ko.dict.naver.com/#/entry/koko/ec9e80ed1fd7488794a60bb7fa066a8c)

4. "지방", 표준국어대사전, 2024년 12월 1일 접속(https://ko.dict.naver.com/#/entry/koko/e4c96df44eca4b29905888450e47be18)

5. "자연", 표준국어대사전, 2024년 12월 1일 접속(https://ko.dict.naver.com/#/entry/koko/c413f4f2bd48406eb455361de527dca0)

6. "도시", 표준국어대사전, 2024년 12월 1일 접속(https://ko.dict.naver.com/#/entry/koko/d581735c667a43aab3d0897efab33924)

7. 한국 도시화 50년 동안 각 정권마다 새로운 도시 만들기를 향한 열망에는 좌우가 없었다. 1960년대 이래로 대통령의 임기마다 전국 규모의 새로운 공간적 변화를 꿈꾸었다는 것은 사실 대단히 놀라운 일이다. 흥미롭게도 새로운 도시 만들기는 대통령 선거 때부터 정권의 향배를 가를 중요한 공약으로 제시되었을 뿐만 아니라, 대통령 당선 이후에도 대통령 임기 내내 숱한 갈등과 불안한 행보는 어김없이 지속되었다. 노무현 정부의 신행정수도와 이명박 정부의 한반도 대운하 건설은 과도한 공약과 진영적 마찰을 보여주는 대표적 사례에 해당한다. 과연 이와 같은 새로운 도시 만들기가 앞으로 언제까지 소모적으로 계속될 것인지 의문이 든다.

8. 통계청, "장래인구 특별추계: 2017~2067", 통계청 보도자료, 2019년 3월 28일, p.3.

9. 김충호, "한국 도시화의 거시적 메커니즘, 계획 주체와 공간 지향", 『환경과조경』 2019년 4월호, pp.94~99.

10. 1960년대 계획 국가의 형성과 함께 한국 도시화 50년을 이끌었던 권위주의 체제는 이제 점점 종언을 고하고 있다. 중앙정부 중심의 권위주의 체제가 지녔던 합리성과 효율성 그리고 현실성에 대해 전면적인 부정을 내릴 수는 없지만, 이제는 이와 같은 리더십이 더 이상 온전하게 지속될 것이라고 생각하는 사람은 아마도 없을 것이다. 하지만 시민주의 자체가 오늘날의 수많은 문제 해결 방법으로서 역할을 하리라고 보지는 않는다. 결국 우리는 정치적 체제 변환 속에서 새로운 문제 해결 방법을 찾아야만 하는 시대가 도래하였다고 생각한다.

11. 문보경, "스마트시티 성공 '4P'에 달렸다", 『전자신문』 2019년 4월 11일.

12. 국토교통과학기술진흥원, "스마트시티 융합 얼라이언스 공식 출범", 국토교통과학기술진흥원 보도자료 2019년 2월 13일.

12.

대한민국
공간의
미래 전망은?

한국 도시화 50년 그리고 앞으로 50년

미래 변수: 인구 구조, 남북 관계, 기술 개발

미래 시나리오: 하위 계획에서 상위 계획으로, 분과적 접근에서 종합적 접근으로

누구를 위해, 무엇을 위해, 어떻게 종을 울려야 하는가?

대한민국 공간 경험은 개발도상국에게, 선진국에게 무엇을 줄 수 있는가?

한국 도시화 50년 그리고 앞으로 50년

이번 장에서는 『공간의 탄생, 1970~2022』의 마지막 비평으로서 한국 도시화 50년 이후의 다가올 50년에 대하여 살펴본다. 앞으로 대한민국 공간은 과연 어떻게 될까? 미래 공간에 대한 구체적 전망에 앞서, 이제는 점점 더 현재로 다가오는 나의 오래 전 과거 기억 속의 2020년을 먼저 떠올리고 싶다. 지금 2024년을 마무리하고 있기 때문에 2020년은 이미 우리에게는 과거의 시간이다. 공교롭게도 나에게 2020년은 초등학교 시절 선풍적 인기를 끌었던 공상 과학 애니메이션 "2020년 우주의 원더키디 2020 Space Wonder Kiddy"의 시대적 배경이 되는 시기였다. 1989년에 방영된 원더키디는 서울 올림픽의 성공적 개최 이후, 국제적인 자신감 속에서 해외 수출을 염두에 두고 제작된 순수 국산 애니메이션이었다.[1]

원더키디에서 서기 2020년은 인구의 폭발적 증가, 자원 고갈 위기, 환경오염 문제 등으로 인류가 새로운 행성을 탐사하는 시기로 묘사되었다. 30년 전의 원더키디에서 2020년은 인류가 지구를 넘어 우주의 행성마저 탐색할 수 있을 것 같은 머나먼 미래처럼 여겨졌던 것 같다. 실제로 원더키디를 제작한 김대중 감독이 수년 전 별세한 것을 보면, 30년 이후의 미래조차도 우리가 쉽게 상상할 수 없는 시간처럼 느껴진다.[2] 그럼에도 불구하고, 오늘날 미국의 창업자 일론 머스크Elon Musk가 민간 우주 기업 'Space X'를 설립하여 화성 유인 탐사 및 식민지 건설을 시도하는 것을 보면 "2020년 우주의 원더키디" 애니메이션이 아주 허무맹랑한 미래 전망을 하지는 않았던 것으로 보인다.[3]

여기에서 다시 조금 더 가까운 과거로서, 1992년 나의 중학교 때 시절을 회상하게 된다. 당시에 내가 다니던 중학교에는 "1학교, 1과학자" 프로그램으로 매년 대전 대덕연구단지에 위치한 한국전자통신연구원ETRI

의 박사님께서 미래 과학기술 개발에 대해 설명해 주었다. 당시 소개된 내용은 주로 벽걸이 TV, 홈 오토메이션, 휴대폰 등으로 편리해지는 미래 사회였다. 이제는 그 미래의 소품들이 모두 개발되어 우리의 현재이자 일상이 되어 버렸다. 하지만 이와 같은 미래 전망과 수많은 기술적 성취에도 불구하고, 우리의 삶이 본질적으로 얼마나 달라졌는지에 대해서는 여전히 진지한 성찰이 필요하다.

앞으로의 미래는 불확실하기 때문에, 사실상 미래 전망 역시 부정확할 수밖에 없다. 이뿐만 아니라, 미래 전망은 현재에 대한 분석력보다 미래에 대한 상상력이 더욱 중요하다고 할 수 있다. 100년의 시간 동안 대한민국의 공간은 어떻게 변화하였으며, 앞으로 어떻게 변화하게 될까? 이에 대해 '표32'와 같이 한국 도시화 50년(1970~2022)과 앞으로 50년 (2022~2070)을 비교하여 정리하였다. 본 비평에서 반복적으로 주지한 바와 같이, 한국 도시화 50년은 정부 주도의 도시화와 대규모 물리적 개발로 규정하여 설명할 수 있었다. 하지만 앞으로 50년은 정부 주도의 영향력이 약화될 것이며, 대규모 물리적 개발 역시 지속되기 어려운 상황이다. 한국 도시화 50년을 지탱하였던 계획 국가로서의 메커니즘과 리더십

표32. 한국 도시화 50년과 앞으로 50년의 비교

		한국 도시화 50년 (1970~2022)	앞으로 50년 (2022~2070)
주요 변화	기본 기조	성장 또는 확장	정체 또는 쇠퇴
	인구 변화	인구 증가, 도시화 가속	인구 감소, 도시화 안정
	물리적 변화	대규모 물리적 변화 지속	중소규모 물리적 변화 일반화
	사회생태적 영향	사회적 동요, 생태적 변화 지속	사회적 안정, 생태적 위기 고조
주요 변수	대내적	정부 정책, 경제 개발	1인 가구, 저출산, 고령화
	대외적	미국 중심 정치 및 경제	남북 통일, 첨단 기술 개발
주요 시나리오	거버넌스	하향식 계획 중심	상향식 계획 일반화
	접근 방식	분과적 접근 중심	종합적 접근 일반화

은 도전받을 것이며, 1인 가구, 저출산, 고령화 등으로 인한 전반적인 인구 구조의 체제 변환은 지속될 것이기 때문이다.[4] 이제 이와 같은 미래 공간 전망에 대한 미래 변수와 미래 시나리오에 대해 살펴보고자 한다.

미래 변수: 인구 구조, 남북 관계, 기술 개발

앞으로 50년 미래 공간 전망의 주요 변수로는 대내적으로는 인구 구조, 대외적으로는 남북 관계와 기술 개발 등을 들 수 있다. 한국 도시화 50년을 거치면서 형성된 1인 가구, 저출산, 고령화의 인구 구조는 앞으로 더욱 더 강력한 영향력으로 미래 공간을 형성하게 될 것이다. 인구 구조는 사실상 정해진 미래로서, 앞으로 50년의 물리적 변화 및 사회생태적 영향을 중요하게 이끌게 될 것이다. 미래에 대해 우리가 가장 명확하게 상상할 수 있는 것은 인구 통계라고 해도 과언이 아니다. 한국 도시화 50년에서 앞으로 50년에 이르는 100년의 시간 동안 가장 주목할 만한 인구 구조의 변화는 한국이 "노인의 나라"가 된다는 것이다. 이로 인한 경제적 생산력 감소 및 에너지 저하는 미래 공간에 지대한 영향을 미치게 될 것이다.

표33. 대한민국 중위 연령 변화 추세 및 미래 추계, 1960~2067[5]

지표	추계	성별	1960	1970	1980	1990	2000	2010	2017	2020	2030	2040	2050	2060	2067
중위 연령 (세)	중위	합계	19.0	18.5	21.8	27.0	31.8	37.9	42.0	43.7	49.5	54.4	57.9	61.3	62.2
		남자	18.2	17.9	21.2	26.3	30.8	36.9	40.7	42.3	48.2	52.9	56.9	60.6	61.4
		여자	19.8	19.2	22.4	27.7	32.7	39.0	43.3	45.2	50.8	56.0	59.1	62.2	63.0
	고위	합계							42.0	43.7	49.0	53.5	56.9	59.7	59.5
		남자							40.7	42.3	47.8	52.0	56.0	59.1	58.9
		여자							43.3	45.1	50.3	55.0	58.0	60.4	60.1
	저위	합계							42.0	43.8	49.8	55.1	58.8	62.8	64.7
		남자							40.7	42.4	48.5	53.5	57.6	61.8	63.6
		여자							43.3	45.2	51.2	56.8	60.4	63.8	65.8

총 인구

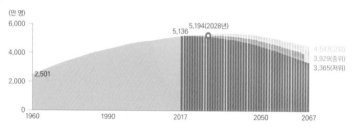

연령 계층별 인구 구성비

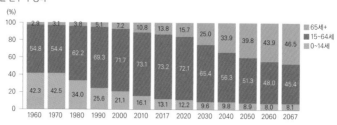

중위 연령

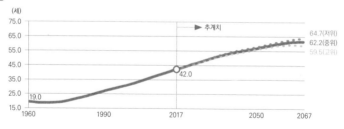

OECD 국가별 총부양비 비교

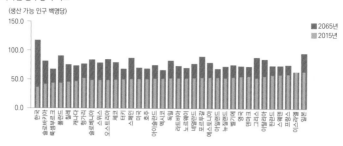

대한민국 인구 변화 추세 및 미래 인구 추계, 1960~2067[6]

국외 인구의 전입 및 전출이 대규모로 이루어지지 않는 한, 앞으로 대한민국의 인구 변화는 사실상 정해진 미래에 가깝다고 할 수 있다. 한국 도시화 이후 앞으로 50년 동안, 대한민국의 총인구는 감소하고, 고령화는 급격하게 진전되어 중위 연령이 60살 이상에 도달하게 되며, 결과적으로 OECD 국가 중에서 가장 높은 총 부양비에 이르게 된다.

다음으로, 남북 관계 역시 미래 공간의 전환에 중요한 역할을 하게 될 것이다. 한국 도시화 50년 동안 촉발된 농촌·근교·지방·자연·도시의 도시화 이후에 이제는 중앙정부조차도 사실상 더 이상 도시화를 지속해 나갈 만한 대상과 명분 및 에너지 모두를 잃어가고 있는 상태다. 이와 같은 상황에서 남북 관계의 비약적 전환 및 평화적 협력은 비단 남북 접경 지역을 넘어서서 새로운 터닝 포인트로서 미래 공간의 전환에 중요한 역할을 하게 될 것이다.

마지막으로, 기술 개발 역시 미래 공간의 변화와 고도화에 중요한 역할을 하게 될 것이다. 소위 오늘날 4차 산업혁명으로 일컬어지는 기술 주도 사회의 도래는 스마트 건설로 인해 건설 비용의 비약적 감소 및 로봇의 대체 노동력화 등을 통해 미래 공간 변화의 새로운 시발점으로 역할을 수행할 수 있다. 이와 함께 ICT 기술을 활용한 도시 문제 해결을 목표로 하는 스마트시티 또한 기존 도시 관리 방안에 대해 혁신적 변화를 초래하게 되어 도시 구조의 고도화 및 도시 공간의 질적 개선을 이끌어낼 수 있으리라고 판단된다.

미래 시나리오: 하위 계획에서 상위 계획으로, 분과적 접근에서 종합적 접근으로

앞으로 50년 미래 공간 전망의 주요 시나리오로는 거버넌스와 접근 방식 등을 들 수 있다. 한국 도시화 50년은 1960년대 권위주의 정부의 계획 국가 형성과 함께 중앙정부 주도의 강력한 하향식 계획을 중심으로 이루어졌다. 하지만 앞으로 50년은 상향식 계획이 일반화되는 거버넌스 체제가 형성될 것이다. 하향식 계획은 빠른 속도와 대규모를 특징으로 개발 규제와 인센티브를 도구로 사용하였다면, 상향식 계획은 느린 속도와 중

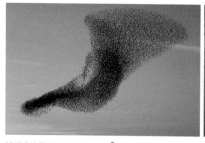

복잡계의 창발성과 자기조직화[7]

도시는 진화하는 유기체이자 복잡계(Complex System)로서 창발성(emergence)과 자기조직화(self-organization)라는 특징을 가진다. 창발성은 하위 체계에서 나타나지 않는 특징이 상위 체계에서 나타나는 것을 말하며, 자기조직화는 체계 스스로 학습하여 구성하는 능력을 말한다. 이와 같은 특징은 마치 불교에서 말하는 삼법인(三法印)의 교의를 연상하게 한다. 이를테면, 삼법인의 첫 번째 교의인 제행무상(諸行無常)은 모든 것은 항상 변화무상(變化無常)하여 예측할 수 없다는 것이며, 두 번째 교의인 제법무아(諸法無我)는 모든 것은 인연생기(因緣生起)하여 실체가 없다는 것이다. 복잡계 과학 이론이 불교 교의와 유사하게 해석될 수 있다는 것은 실로 신기한 일이다.

소 규모를 특징으로 창의적 접근 및 역량 강화를 도구로 활용하게 될 것이다. 접근 방식 역시 한국 도시화 50년을 이끌었던 관료제 중심의 분과적 접근 체계에서, 앞으로 50년은 상호 소통과 신뢰를 기반으로 하는 종합적 접근 체계로 변모하게 될 것이다. 오늘날 인터넷과 SNS 등을 통해 폭발적으로 쏟아져 나오는 의견과 요구 사항 등은 기술을 통한 직접 민주주의의 실현도 멀지 않은 것처럼 느껴지게 한다.

이와 같은 미래 시나리오는 앞으로 50년 동안 더욱 더 복잡한 사회가 되며, 미래 공간 역시 더욱 더 복잡계에 기초하게 된다는 것을 시사한다. 결국 복잡성에 대한 인식은 과거와는 다른 수많은 영향 관계를 인지해야 한다는 것이며, 전체가 부분의 합으로 환원될 수 없다는 불확실성과 비예측성을 감내해야 한다는 것을 의미한다. 이와 같은 현실 앞에서 우리의 자세는 "우리는 모른다We don't know"는 것이며, 나아가 "우리는 심지어 모른다는 것조차 모른다We don't even know what we don't know"는 것을 수긍할 필요가 있다. 더욱이 앞으로 50년은 단기적 또는, 대규모의 성과 위주 정책이 실효성을 거두기 쉽지 않아 보인다. 이에 공간의 리질리언스를 향상시키고, 지속가능성을 강화할 수 있는 사회생태적인 접근 방식과 복잡계의 자기조식화를 촉진하는 방안이 요구된다.

누구를 위해, 무엇을 위해, 어떻게 종을 울려야 하는가?

한국 도시화 50년은 실로 가시적인 성과가 눈부신 성공 사례라고 할 만하다. 일제 강점기와 한국전쟁으로 잿더미가 되어버린 국토를 불과 50여 년이 채 되지도 않은 시간 동안 전 세계 10위권의 경제대국이자 한류의 문화대국으로 만들어낸 것은 정말로 대단한 일이라 하지 않을 수 없다. 1950년대 아시아와 아프리카 국가들에게조차 원조를 받는 나라에서, 이들에게 다시 원조를 제공하는 나라가 되었으니, 한국 도시화 50년은 물리적 변화와 사회생태적 영향이 무엇이든지 간에 긍정적으로 판단할 만하며, 우리나라뿐만 아니라 인류를 위한 교훈을 제시할 만한 사례라고 자찬할 수 있을 정도다.

　그럼에도 불구하고, 오늘날 한국 도시화 50년에 걸친 경제 성장과 도시 개발의 열매가 한국 사람 모두에게 공정하게 배분되었다고 생각하는 사람은 아마도 없을 것이다. 뿐만 아니라 눈부신 성장과 개발이 오히려 더 큰 지역적, 사회적 격차를 초래하여 오늘날 양극화를 영속화할 수 있다는 우려마저 부인하기 어려워지고 있다. 더욱이 계획 국가의 형성과 중앙정부 주도의 도시화로 인한 리더십 위기와, 이미 일상이 되어버린 새로운 도시 만들기 문화조차 새롭게 검토하고 개선하여 폐기해야 할 것들이 수없이 많을지도 모른다. 여기에서 우리는 한국 도시화 50년을 반성하고, 앞으로 50년 동안 누구를 위해, 무엇을 위해, 어떻게 종을 울려야 하는가에 대한 진지한 고민이 필요하다는 점을 주지해야 한다.

이제 우리는 상생과 공존의 성장과 발전을 통해, 양극화 되어가고 있는 정치적, 경제적, 사회적, 문화적 체제를 전환하고 포용적인 개발 Inclusive Development을 실천해야 한다. 실상 한국 도시화 50년은 도시만의 문제는 아니었다. 오늘날 인간극장의 단골 소재처럼 되어가는 듯한 어느 시골 농촌의 연로한 시어머니와 개발도상국에서 온 젊은 며느리 사이의 일상과 갈등은 엄연한 현실이 되어 버렸다. 아이러니하게도 한국 도시화 50년은 국제화에 대해 가장 훈련이 되어 있지 않은 사람들을 가장 다문화의 현실에 일상적으로 직면하게 만들어 버렸다. 이 뿐만이 아니다. 한국 도시화 50년은 서울과 수도권 그리고 지방이 하나의 일관된 정책을 시행하기 힘들 정도로 양적으로나 질적으로 다른 공간에서 살아가게 만들어 버렸다. 한국 도시화 50년을 수놓았던 중앙정부 주도의 도시화, 대규모 물리적 개발에 대한 진지한 고민과 성찰이 더욱 필요해 보인다.

대한민국 공간 경험은 개발도상국에게, 선진국에게 무엇을 줄 수 있는가?

한국 도시화 50년은 한국의 특수한 사례이지만, 모든 산업 국가들이 겪는 도시화라는 일반적 경험이기 때문에 개발도상국에게 그리고 선진국에게 중요하게 활용될 수 있다. 한국 도시화 50년은 정부 주도의 도시화이자 대규모 물리적 개발 사례로서 정부의 성격에 따라 단절적인 체제 변환을 보여주었다. 한국의 경험에는 치열한 성공의 기억과 안타까운 실패의 한계가 고스란히 녹아있기 때문에 학문적으로나 실무적으로도 검토할 만한 훌륭한 사례라고 할 수 있다. 더욱이 오늘날 도시화와 도시주의에 대한 새로운 이론적 틀로서 비교 도시주의Comparative Urbanism는 기존의 서구 중심의, 보편적인 이론적 체계를 벗어나서 다양한 국가들의 특수한 사례들을 주목하고 있다.[8] 이와 같은 맥락에서, 한국 도시화 50년은 미국을 중심으로 하는 서구 지식의 수혜자이자 추적자로서 이들에게 많은 영향을 받았지만, 이들과는 다른 역사적, 문화적 내재화의 경험과 적응을 보여주는 좋은 사례라고 할 수 있다.

다시 말해, 한국 도시화 50년은 유럽, 미국, 중남미, 아프리카의 도시화와는 다르다. 굳이 유사한 사례를 찾자면 한국의 도시화는 일본, 중국, 대만 등 동아시아의 도시화와 유사한 측면이 있다. 동아시아 국가들은 역사적으로 유교 중심의 사회 이념, 정치적으로 권위주의적 집권체제, 경제적으로 제조업 수출 중심의 정부 주도 경제 개발 등의 특징을 공유하고 있다. 이와 같은 맥락에서 동아시아 국가들은 급속한 도시화 경험을 하였으며, 한국 도시화 50년은 동아시아나 동남아시아의 후발 도시화 국가들에게 좋은 선례가 될 수 있을 것이다. 실례로 우리의 1970년대 새마을운동은 중국의 신사회주의 농촌 건설New Socialist Countryside Construction에 중요한 영향을 주었으며,[9] 오늘날 스마트시티는 동남아를 비롯한 여러 아세안 국가들의 수출 모형으로 중요하게 검토되고 있다.[10] 사실 이와 같은 한국 도시화 50년의 경험 공유는 어제 오늘의 일이 아니다. 한국국제협력단Korea International Cooperation Agency(KOICA)의 공적개발원조Official Development Assistance(ODA) 프로그램,[11] 서울시 정책수출사업단Seoul Urban Solutions Agency(SUSA)의 정책 공유[12] 등은 이와 같은 지식과 경험 공유 및 사업 추진의 중요한 사례들이다. 오늘날 나 역시 서울시립대학교를 모태로 이와 같은 흐름 속에서 교육과 연구를 담당하는 일을 지속하고 있다.

본 비평의 글을 쓰면서 시시포스Sisyphus의 신화가 자주 연상되고는 하

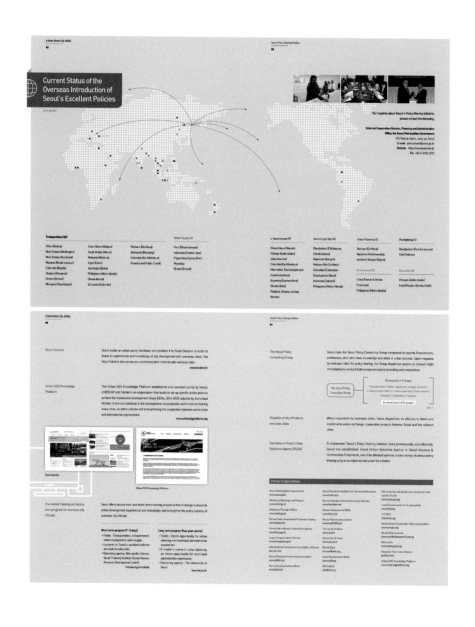

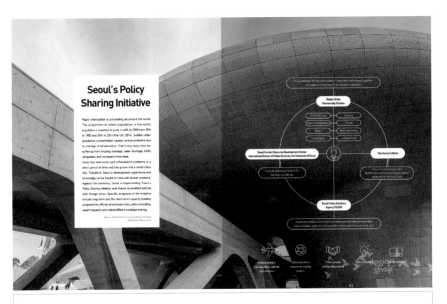

서울시 정책수출사업단의 정책 공유 소개서

서울시 정책수출사업단(SUSA)은 2015년 출범하여 오늘에 이르고 있다. 서울시와 서울시 정책수출사업단의 해외진출 추진 실적의 주요 내용을 보면, 2018년 7월말 기준으로 30개국, 42개 도시, 60개의 사업 현황에 이른다. 크게 60개의 사업 현황은 대분류로 볼 때 교통(27개), 도시철도(9개), 전자정부(9개), 상수도(4개), 소방(3개), 도시계획(2개), 환경(2개), 교육(2개), 콘텐츠 개발(2개)이며, 주로 교통 분야에 우수 정책 해외 진출이 치우쳐 있음을 알 수 있다. 실제로 우수 정책 해외 진출 분야는 초기에 교통으로 한정되었으나 시간이 지남에 따라 상수도, 전자정부, 환경, 소방, 환경 등의 분야로 확장되고 있다.[13]

였다.[14] 시시포스는 그리스신화에 나오는 인물로서 나쁜 일을 많이 하여 형벌로 커다란 바위를 산꼭대기로 올리지만, 바위는 올리자마자 다시 아래로 굴러 떨어지게 되어 고역을 영원히 반복한다. 이제 내 마음 속의 바위를 잠시 내려놓고, 본 비평의 글쓰기 여정을 되돌아보며, 다시금 생각을 정리해야 할 때가 찾아온 것 같다. 본 비평이 나와 그 누군가에게 껍질이 깨지는 아픔이 되었기를 바란다.

서울시립대학교 국제도시개발 프로그램의 도시설계 답사
2019년부터 2020년까지 서울시립대학교 국제도시개발 프로그램에서 개발도상국 학생들에게 도시설계 및 역사 보존에 대한 강의를 진행하였다. 학생들은 대부분 본국에서 공무원이었으며, 2년여의 석사과정을 위해 서울시립대학교에서 학업하고 있었다. 교수와 학생들 누구도 영어를 모국어로 하지 않았지만, 영어를 공용어로 사용하여 강의를 진행하였다. 개발도상국에서 온 학생들은 한국 학생들의 조용함과 미국 학생들의 활기참 사이의 태도와 진지함을 보여주었다. 수업 중에는 강의뿐만 아니라, 실제 한국과 서울의 도시화 및 개발 사례에 대한 답사를 진행하였다. 학생들은 석사학위를 마치고, 본국으로 돌아갔는데, 앞으로 어떤 역할을 하게 될지 자못 기대가 된다.

공간의 탄생, 1970~2022

1. "2020년 우주의 원더키디", 위키백과, 2024년 12월 1일 접속(https://ko.wikipedia.org/wiki/202 0%EB%85%84_%EC%9A%B0%EC%A3%BC%EC%9D%98_%EC%9B%90%EB%8D%9 4%ED%82%A4%EB%94%94). "2020년 우주의 원더키디"는 2020년이라는 미래적 배경에 우주 탐사라는 공상 과학적 요소를 수준 높은 시각적 완성도로 구현한 작품이었다. 작품 기획 단계에서부 터 해외 수출을 염두에 두어, 등장 인물이 아이캔(Ican), 예나(Yena), 리사(Lisa) 등의 영어 이름을 사 용했다. 당시에 유명했던 애니메이션이 "떠돌이 까치", "머털도사", "달려라 하니" 등이었으니, "2020 년 우주의 원더키디" 작품의 주제나 내용 그리고 시각적 표현 등이 얼마나 독특하였는지를 짐작할 수 있다.

2. 윤고은, "'2020원더키디', '은비까비' 김대중 감독 별세", 「연합뉴스」 2017년 9월 14일.

3. 다케우치 가즈마사·엘론 머스크, 이수형 역, 「대담한 도전」, 비즈니스북스, 2014.

4. 김충호, "대한민국은 공간은 과연 지속가능한가?", 「환경과조경」 2019년 11월호, p.115.

5. 통계청, "장래인구 특별추계: 2017~2067", 통계청 보도자료, 2019년 3월 28일, p.16.

6. 통계청, "장래인구 특별추계: 2017~2067", 통계청 보도자료, 2019년 3월 28일.

7. "The Science of Complexity", Massey University, 2024년 12월 1일 접속(https://www. massey.ac.nz/massey/about-massey/news/article.cfm?mnarticle_uuid=C02A26CB-6EA7-4529-8FE9-509FC5954BE3)

8. Tridib Banerjee, and Anastasia Loukaitou-Sideris. The New Companion to Urban Design. Routledge, 2019.

9. E. J. Perry, (1993) "China in 1992: An Experiment in Neo- Authoritarianism", *Asian Survey*, 33(1), p.1221.

10. 박정민, "스마트시티 개발, 아세안과 1조 5000억원 펀드 조성", 「문화일보」 2019년 11월 25일.

11. 한국국제협력단(KOICA) 홈페이지, 2024년 12월 1일 접속(http://www.koica.go.kr/koica_kr/ index.do)

12. 서울시 정책수출사업단(SUSA) 홈페이지, 2024년 12월 1일 접속(https://susa.or.kr/home_eng)

13. 김충호, 스마트시티 서울 통합 모델 구축을 통한 우수정책 해외진출 활성화 방안 연구, 서울시립대 시 정연구 보고서, 2018년 9월, pp.29~30.

14. "시시포스", 그리스로마신화 인물백과, 2024년 12월 1일 접속(https://terms.naver.com/entry.nh n?docId=3397899&cid=58143&categoryId=58143)